レントゲンとX線の発見

近代科学の扉を開いた人 Wilhelm Conrad Röntgen

医学博士 青柳泰司 著

恒星社厚生閣

巻頭写真1　レントゲン（X線発見の頃，50歳）（Wilhelm Conrad Röntgen, 1845～1923 独）

巻頭写真2　レムシャイド市レンネップにあるレントゲンの生家（1981年撮影）

巻頭写真3　レントゲンの生家の内部[26]

巻頭写真 4 （上）ユトリベルクから眺めたチューリッヒ市内
　　　　　　（下）現在のユトリベルク行電車（ユトリベルク駅：標高 871 m）
　　　　　（1994 年撮影）

巻頭写真 5　1871 年，ヨーロッパで最初に開通したフィッツナウーリギ間の登山鉄道（1994 年撮影）

巻頭写真 6　リギ山頂からベルナーオーバーラントを望む（1994 年撮影）

巻頭写真 7　シルヴァプラナから見たピッツ・コルヴァッチ（3,305 m）（1994 年撮影）

巻頭写真 8　サン・モリッツ湖からポントレジナ方向を望む（1993 年撮影）

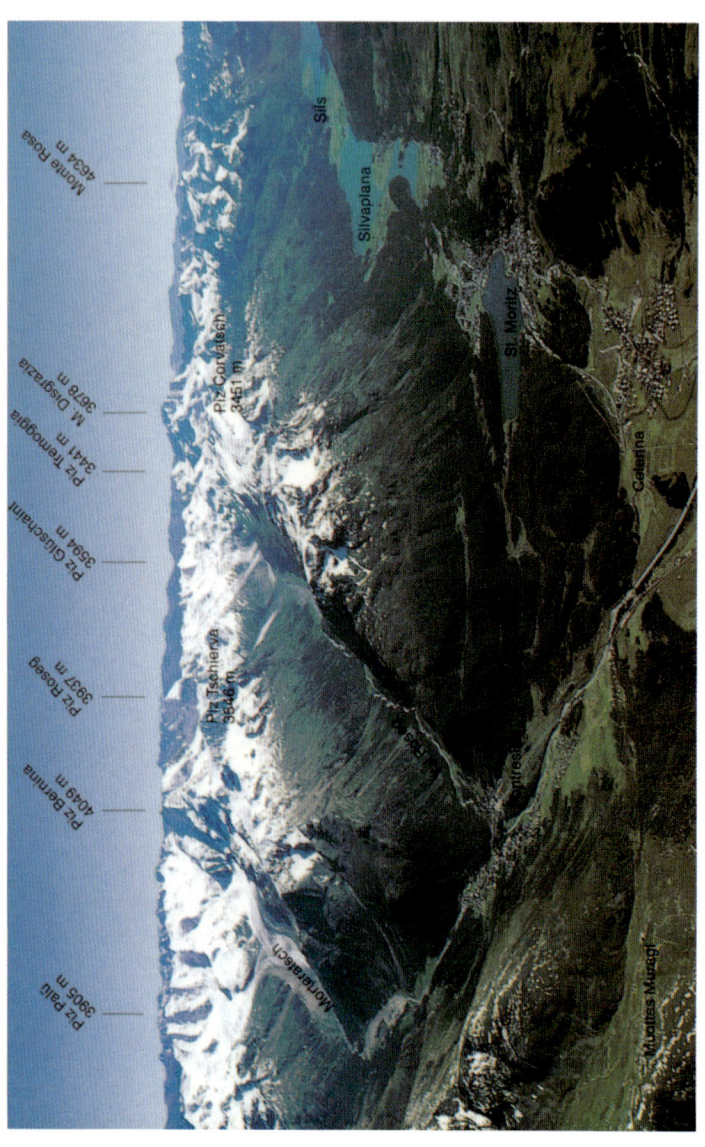

巻頭写真 9　エンガデンの谷（右）、ベルニナの谷（左）、ロゼックの谷（中央）

はしがき

　本書はX線の発見者W. C. レントゲンの生涯を中心にX線発見の背景，その反響などについて述べたものである．

　私は1960年頃より医用X線装置の高電圧現象，写真効果などを計測する一連の計測器の開発を行ってきた．またその頃より，放射線技師の診断用X線装置の講義を担当し，その講義内容については装置の進歩に伴ってその都度追加して補ってきた．1979年，これら資料をまとめ「診断用X線装置」と題して出版した．これは幸いなことに多くの方の支持により，改訂5刷を重ねることができたのは誠に感謝に耐えないことで，厚く御礼申し上げる．しかし本書は専門書としての内容が多く，学生の教科書用としては消化しきれない部分もあったため，1990年，教科書用として『放射線機器工学［Ⅰ］』を出版した．

　ところで，『診断用X線装置』の出版にあたり，X線発見の背景，その発見，レントゲンの生涯などについては一般教養書の伝記を参照させていただくつもりであった．ところが，レントゲンの伝記を探したところ，当時，物理学者の伝記は数多く出版されていたにもかかわらず，レントゲンの伝記はどこにも見当たらなかった．これは著者にとって意外なことであった．医学への応用はもちろんのこと，近代物理学誕生のきっかけとなったX線の発見，その発見者の伝記がないということは一寸信じられないことであった．以前より，放射線技術史に強い関心があった私は，この時以来，自分で資料を集めてでもいつかX線発見の背景からレントゲンの生涯，発見の反響そしてX線装置の歴史をまとめたいと強く思うようになる．著者が最も積極的に放射線技術史関係の文献を集めたのは1975～1985年で，古いものは1858年のプリュッカーから集めた．

　1994年頃，X線発見100年を記念して，それまで集めた私の資料をまとめ放射線技術史として出版する予定であったが，諸般の事情から断念せざるを得なかった．

　それから5年後，幸い引きうけてくれる出版社が現れ，出版の件はまとまった．当初はX線発見の背景からレントゲンの生涯，発見の反響そして発見から現在までの装置の進歩の変遷まで1冊にまとめる予定であったが，前半の発見

の反響までは科学に興味がある方なら十分内容を理解できるということから2冊に分け，前半は発見の反響までとし，後半は発見当時のX線装置から現在に至る100年の変遷（2001年1月出版予定）としてまとめることとした．

本書では第1章で低気圧体中の放電現象を述べ，第2章でレントゲンが低気圧体中の放電現象に興味を持ち，陰極線の研究過程で「放射線の一新種」を発見するまでを記述する．第3章ではレントゲンの生涯について述べる．少年時代はオランダで過ごし，専門教育はスイスのチューリッヒで受ける（機械工学）が卒業後，物理学に転向し，物理学者として業績を積み重ねていった．第4章はX線発見の反響を物理学，医学，一般社会の諸相において述べる．第5章はレントゲンのノーベル物理学賞受賞の頃から終生レントゲンを中傷したレナルトを取り上げる．第6章はアメリカで全く根拠のない論評が書かれ，これを引用した人々によって歴史が変えられてしまったという考えられないような事実があったことを記述する．

X線が発見されて100年が過ぎた．科学の歴史の中でX線の発見ほど科学者はもちろんのこと，一般の人々にも大きな衝撃を与えたものはないだろうと言われている．そしてこのX線の発見により，人類が受けた恩恵は計り知れないものがある．

不透明な物質を透過する不思議なこの放射線を，医学者達はこの応用を推し進め，物理学者は先を争ってこの解明を始めた．X線は発見から1世紀を過ぎた今日でも医学はもとより理学，工学への有用性は益々高くなっている．しかしそれにもかかわらず，日本においてはこの発見者の伝記，発見の経緯などは欧米と比較すると僅かで，数年前，漸く訳書であるが，出版された程度である．しかし，まだ知られざる興味深いエピソードもかなりある．これらは時がたつにつれ，忘れ去られることになる．本書ではそれらをできるだけ多く取り上げた．本書が100年前のX線発見・創成期の理解に役立てば幸いである．

終りに本書発刊にあたり終始ご協力をいただいた都立保健科学大学放射線学科小倉泉講師，加藤洋，根岸徹両氏，また本書発刊の労をとっていただいた恒星社厚生閣の小浴正博氏に厚く御礼申し上げる．

2000年8月

著 者

目 次

はしがき i

第1章 X線発見の背景 1
1.1　19世紀末の科学技術 1
1.2　低気圧体中の放電現象 6
1.3　陰極線の本性 16

第2章 X線の発見 29
2.1　研究の動機 29
2.2　「放射線の一新種」の発見 30

第3章 W.C.レントゲンの生涯 43
3.1　チューリッヒの青春 43
3.2　物理学者として 56
3.3　スイスへの愛着 71

第4章 発見の反響 101
4.1　最初の新聞報道 101
4.2　物理学への反響 122
4.3　医学への応用 130
4.4　一般社会への反響 154
4.5　日本における初期実験 164
4.6　栄光と中傷 174

第 5 章　レントゲンとレナルト ………………………………………… *181*
　5.1　レナルトの性格と業績 ……………………………………… *181*
　5.2　第 1 回ノーベル物理学賞 …………………………………… *191*
　5.3　レナルトの執念 ……………………………………………… *194*

第 6 章　1920 年代の論評 ………………………………………………… *205*
　6.1　ヒルシュのレントゲン追悼講演 …………………………… *205*
　6.2　T. S. ミドルトンの X 線発見の話 ………………………… *213*
　6.3　トロストラーの講演記録 …………………………………… *220*
　6.4　ミドルトンの話に対する反論 ……………………………… *225*

第 7 章　おわりに ………………………………………………………… *229*

　参考文献 …………………………………………………………………… *231*
　索　引 ……………………………………………………………………… *234*

近代科学の扉を開いた人

レントゲンとX線の発見

第1章

X線発見の背景

1.1　19世紀末の科学技術

　世紀末といっても20世紀ではない19世紀末である．ヨーロッパでは，1870年の普仏戦争以来，第1次世界大戦までの40数年間は戦争がなかったこともあって芸術文化の華が開き，いわゆる古き良き時代であった．科学技術においてもそれまでの時代と比較すると驚異的な進歩・発展があった．まだ飛行機こそ飛んでいなかったが，ヨーロッパにおいては鉄道，電信などはほとんどの都市を結ぶまでに普及した．図1・1は1870年頃の蒸気機関車，郵便車[1]である．日本の新橋－横浜間の鉄道開通は1872年（明治6年）である．また，同じ頃山を登る世界最初のラック式登山鉄道（ワシントン山 米）[1]が開通した（図1・2）．図1・3は1890年頃使用された蒸気乗合自動車であるが，間もなくガソリンエンジンが実用化され姿を消すことになる．図1・4は1870年頃の蒸気式消防車で，蒸気ポンプは放水のみで，車は馬で引いていた[1]．電信についても同様で長距離の場合には数百km毎に中継基地を設けて延長し，ロンドン－シドニー間の通信も可能となった．1866年には大西洋に海底ケーブルの敷設が6度目にして漸く成功し，ロンドン－ニューヨーク間の通信が可能となった．図1・5は当時最大の客船であったグレート・イースタン号で，ケーブルの敷設中に断線した様子を描いたものである．

　1879年，エジソン（Thomas Alva Edison 1847～1931 米）は白熱電灯の実用化に成功し，さらに直流送電，配電方式も考案した．1882年，世界初の発電所が完成し，3台の発電機により3,000個の白熱電球を点灯させた．この

図 1・1 (a)　1870 年頃の蒸気機関車[1]

図 1・1 (b)　同じ頃の郵便車[1]

図 1・2　1870 年に開通した世界最初のラック式登山鉄道（アメリカワシントン山）[1]

第1章 X線発見の背景 3

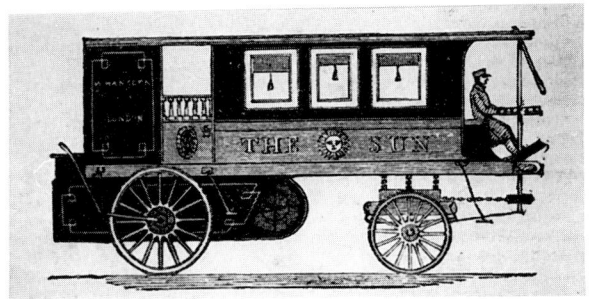
図1・3 1890年頃使用された蒸気乗合自動車[1]

図1・4 1870年頃の蒸気式消防車[1]

図1・5 海底電線敷設中にケーブルが断線した様子を描いたもの．大西洋横断ケーブル工事は6度目にして漸く成功した[1]．

エジソンの発電所は街の中心に設置され，110 V で配電したが，末端になる程，電圧降下が大きくなって電球が暗くなるので，中心から 2 km 程が限度であった．図 1・6 は 1870 年頃の直流発電機で，蒸気機関で回転させ発電した．

1880 年頃から変圧器（図 1・7）を使用し，交流による長距離送電 [*1] が考案された．これ以後，直流か交流かで有名な交直戦争が始まる．1878 年，エジソンは直流送電方式のエジソン電燈会社を設立し，全てをこれに注ぎ込んだ．そしてかなりあくどい手を使って交流方式の危険性を宣伝し，直流に固執したが，交流送電は変圧器の進歩により高能率の長距離送電が可能となった．1895 年，ウェスチングハウス社はナイアガラの交流発電に成功し，ニコラ・テスラ [*2] の勝利でこの戦争は終結する．この発電所の出力は 5,000 馬力（3,750 kW），500 V で発電し，変圧器で 11 kV に昇圧，40 km 離れたバッファローの工場に電力を供給した．この成功により交流電力の供給は急速に普及し，蒸気機関が電気エネルギーにとって代わることは時間の問題であった．エジソン電燈会社は交流技術を進めていたトムソン・ヒューストン社と合併し，1892 年ゼネラルエレクトリック（General Electric）社となった．GE 社は現在世界最大の電気メーカーである．

1875 年にはベル（Alexander Graham Bell 1847～1922 米）が電話を発明した．

また 1895 年，マルコニー（Guglielmo Marconi 1874～1937 伊）は無線電信を実用化し，船舶との交信には欠かせないものとなった．

このように 19 世紀末には多くの科学技術の進歩があった．

また物理学においても 19 世紀の間に全面的な発展を遂げ，力学，熱学，光学，電気磁気学などそれぞれ完成された体系を持つに至った．しかし，いまだその本性が解明されていないものとして陰極線があったが，19 世紀末には電磁波説と荷電粒子説の大論争があり，これの解明も時間の問題と思われていた．このようなことから物理学者は，全自然を理解するのに十分な原理と方法を我がものにしたと信じて疑わなかった時代であった．しかし 1895 年，レントゲン（Wilhelm Conrad Röntgen 1845～1923 独）による X 線の発見はこのような楽観主義を全く裏切って，激しい変動の中に物理学者達を投げ込んだのである．X 線の発見は直ちにベクレルによる自然放射能の発見へと発展し，これを

第1章　X線発見の背景　5

図1・6　1870年頃の直流発電機[1]
　　　（a）ジーメンスの直流発電機　（b）ワイルドの直流発電機

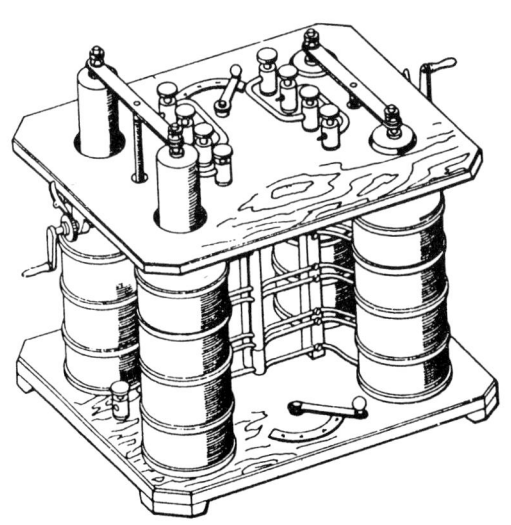

図1・7　初期の変圧器（1880年頃）
　　　ゴーラとギブスの変圧器

受けてキューリー夫妻のラジウムの発見，ラザフォード，ヴィラールによる α 線，β 線，γ 線の解明など，人類は原子の内部まで探求するようになる．そして数々の新事実の発見，新しい理論は，それまでの物理学の基礎的な概念や原理に根本的な変更を迫ることになり，ここに原子物理学が誕生することになる．このように X 線の発見は，19 世紀末から 20 世紀初頭にかけての物理学の大革命への導火線であった．

───── *Note* ─────
* 1) 最初に成功した長距離送電は 1891 年，ドイツのフランクフルトで開かれた国際電気技術博覧会でドイツの AEG 社（Allgemeine Elektricitäts Gesellschaft）で，170 km の送電実験であった．
* 2) テスラ（Nikola Tesla 1856～1943 米）はユーゴスラビアの出身で，ハンガリーで交流機器の開発を行っていたが，1884 年にアメリカへ移住した．当初エジソンと共同で研究していたが，独裁的なエジソンとは仲間割れし，ウェスチングハウスと共に交流発電機，電動機，変圧器を開発し，交流の送配電方式を成功させた．エジソンと共にノーベル賞候補にあがったが，エジソンと一緒では否だと断った．

1.2 低気圧体中の放電現象

X 線は陰極線の研究過程の中で発見されたものであるが，この低気圧体中における放電現象は 200 年におよぶ長い研究があった．それ故，X 線発見の経緯については，この放電現象の研究過程から述べなくてはならない．

ある程度排気されたガラス管内に金属電極を封入し，両極に電圧を加えると大気中よりはるかに低い電圧で放電を起こす．そして管内に蛍光現象を生ずる．この現象は既に 17 世紀中頃から認められており，ゲーリケ（Guericke），ピカール（Picard），ホークスビー（Hauksbee）らに始まった 200 年にわたる長い研究があった．

ゲーリケ（Otto von Guericke 1602～1686 独）は摩擦によって静電気を起こす装置を最初に発明し，さらに真空ポンプの実験でも有名である（図 1・8）[2]．

図1・8　ゲーリケ（Otto von Guericke, 1602～1686）[2]

　ゲーリケはドイツの大学で法律と数学を学び，その後英・仏に留学し，1627年，マグデブルクに帰り政治家となった．

　当時は三十年戦争[*1]の最中で，マグデブルク（ベルリンの西約120 kmに位置する古都）は1631年に進入してきた皇帝軍の略奪により最悪の混乱状態にあり，ゲーリケの家族はやっとの思いでそこから逃れた．その後，戦争の終結により荒廃したマグデブルクに帰った彼は，1646年，市長に任命され，以後35年間，市の復興に努力する．その一方で多くの科学実験を行った．

　ゲーリケは1650年に真空ポンプを作った．これは1本のピストンと革バルブによる簡単なものであったが，このポンプを使って真空にした容器の中では音が伝わらないことや，ろうそくが燃えないことを証明した．また直径約40 cmの銅製の半球を2つ作り，これが密着するよう縁をつけ，油を塗って中の空気を抜いた．これを両側から各8頭の馬で引かせたが引き離せなかった．しかし弁を開いて空気を入れると半球はひとりで離れた．図1・9は真空ポンプとマグデブルクの半球で，当時のものがミュンヘン科学博物館に展示されている．図1・10は馬に引かせて引き離そうとしているものである[2]．

　1672年，ゲーリケは静電気を発生させる機械（図1・11）[4]を最初に作った．直径約25 cmの硫黄の球を木の枠にのせ，これを回転させる．これに乾いた手を触れるとその摩擦で硫黄球は帯電され，火花放電を発生するのに十分な静電気を生じた．

図1・9 マグデブルクの半球と真空ポンプ
(ミュンヘン科学博物館, 1981年撮影)

図1・10 16頭の馬でマグデブルクの半球を引かせた[1]

図1・11 ゲーリケ（Guricke）の考案した硫黄球の摩擦発電機[2]

　ホークスビー（Francis Hauksbee 1666頃～1713 英）[4]は低気圧体中の放電現象について最初に実験を行った人である．1675年，ピカール（Jean Picard 1620～1682 仏）は水銀柱内の水銀を振盪すると上部の空間に蛍光を発することを観察したが，この現象に興味をひかれたホークスビーは排気されたガラス管内の水銀をいろいろな方法で振盪し，その蛍光現象をさらに高めることに成功した．

　図1・12 はその実験装置で，排気されたガラス管内に水銀を入れ，これを回転させると管内に発光現象が認められることを発見した（1705年）[4]．この発光現象が電気作用によるものと信じたホークスビーは，ガラス球による摩擦起電機を最初に作った．図1・13 はホークスビーのガラス球による摩擦起電機である[1]．これはゲーリケが作った硫黄球の代わりに排気されたガラス球を回転させ，手の摩擦によって帯電させるものであった．ガラス球は強く帯電され，その中には紫色の蛍光が認められた．そして指がガラス球に触れた所に蛍光が集中することも観察し，水銀の蛍光作用は水銀がガラス壁との摩擦によって生じる静電気に起因することを証明した．

　この実験は多くの人々によって試みられ，摩擦起電機はより強く，より遠くまで伝導させるためにさまざまな試行錯誤が繰り返されることになる．

　図1・14 はホイゼン（Häusen）の実験[4]（1743年）で，右側の女性の手の摩擦によってガラス球は帯電され，電荷は絹糸の紐でつり下げられた少年を通じ

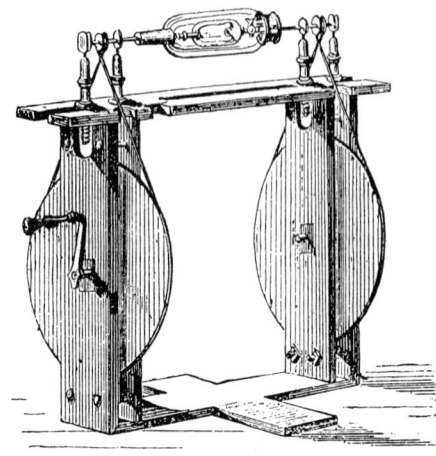

図1・12 ホークスビー（Hauksbee）の実験装置[1]

図1・13 ホークスビー（Hauksbee）のガラス球による摩擦発電機[2]

第1章　X線発見の背景　11

図1・14　ホイゼン（Häusen）の実験[1]

て左の少女に導かれる．少女は松脂の絶縁台に立っており，右手の下の台には金箔の小片が置かれている．少女が帯電すると金箔の小片は少女の右手に引きつけられた．

　図1・15はオランダのアムステルダムで行われた実験である．Bがガラス球Cを回転させる．Dの手でガラス球が摩擦され，電荷は絹糸で固定された金属棒を通じてGに導かれ，Gの刀の先端からの放電によって女性が持っているアルコールの壺に点火された[4]．

　フランクリン（Benjamin Franklin 1706～1790 米）も図1・16のような摩擦起電機を作り，多くの実験を行った．そして湿った空気中ではガラス球が帯電しないことや，この放電が雷の小規模なもので，雷光はライデン瓶における電気現象と同一の現象であることを述べた．

　1750年頃になると集電体としてブラシが取り付けられ，また摩擦物体として円筒が使用されるようになり，摩擦起電機は一応完成する．図1・17はウイルソン（Wilson）の摩擦起電機で，円筒Aに帯電した電荷は金属棒Bにより離れた所まで導かれるようになる[4]．

　ミュッシェンブルーク（Peter Van Muschenbroek 1692～1761 蘭）はオランダのライデン大学の教授であったが，ガラスのような容器に水を入れ，これに電気を帯電させ，絶縁物で包み込めば電気を蓄えてくれると考えた．これがライデ

図1・15　オランダで行われた実験[4]

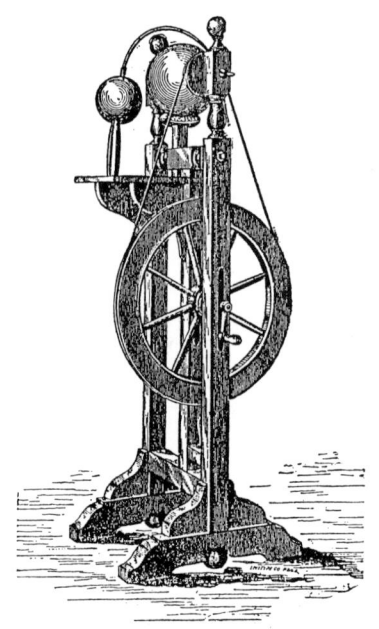

図1・16　フランクリン（Benjamin Franklin, 1706〜1790）の作った摩擦起電機[4]

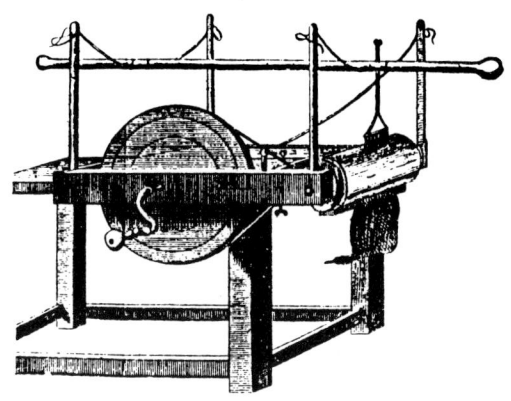

図1・17　ウィルソンの摩擦起電機[4]

図1・18　ライデン瓶の発明（ミュッシェンブルーク，1692～1761）[4]

ン瓶（コンデンサ）の発明である．充電された水の入ったライデン瓶 D を片手で持ち，一方の手 E を金属棒に触れると大きなショックを受けた[4]（図1・18）．

ノレー（Jean Antonie Nollèt 1700～1770 仏）は 1740 年，排気された卵形の管，いわゆる電気卵と摩擦起電機を金属の鎖で接続し，放電の実験を行った．これは放電管と起電機が分離された最初であった（図 1・19）[4]．ノレーはまたライデン瓶の実験を行い，この放電により小鳥や魚を感電死させたり，また国王の前で 180 人の衛兵の手をつながせ，電撃で一斉に飛びあがらせたりした．これらの実験によって電気現象は次第に知られるようになる．図 1・20 は当時のライデン瓶と摩擦起電機で，ミュンヘン科学博物館に展示されている．

ファラデー（Michael Faraday 1791～1867 英）はノレーの実験以来，100年もの間かえり見られなかった低気圧体中の放電現象に注目し，1836 年，多くの観察を行った．ファラデーはノレーの電気卵を使用して，陰極付近のグローと紫色の陽光柱との間に，今日ファラデー暗部と呼ばれる暗い部分があることを見出した．しかし，紫色に発光するこの神秘的な放電の本質については，解明できなかった．この低気圧体中の放電現象の本格的な研究は，さらに15年程待たなくてはならなかった．

───── *Note* ─────

*1）三十年戦争：ドイツを舞台として 1618～48 年の 30 年間，ヨーロッパ諸国を巻き込んだ宗教戦争で，ハプスブルク家とブルボン家の対立抗争となった．発端はボヘミアの新教徒に対するオーストリアの弾圧政策によるもので，ボヘミアはオーストリアの領地のうちで政治，経済，軍事上最も重要な地であった．しかし，一方ハンガリーと共に民族独立傾向が強く，宗教的には新教が大きな勢力をもっていた．このボヘミアの新教徒に対し，1617 年，ボヘミア王となったハプスブルク家のフェルディナントが激しい弾圧を始めた．これに憤激した新教徒が反乱を起こし，戦争が始まった．

　当時，ヨーロッパで圧倒的優勢にあったオーストリアとスペインのハプスブルク家と教皇庁，多くのイタリア諸国家などが旧教派（皇帝派）で，これに対し，オランダ，フランス，イギリス，スカンジナビア諸国，スイスなどが新教派を支持した．当初は皇帝派が優勢であったが，後半スウェーデン軍

第1章　X線発見の背景　　15

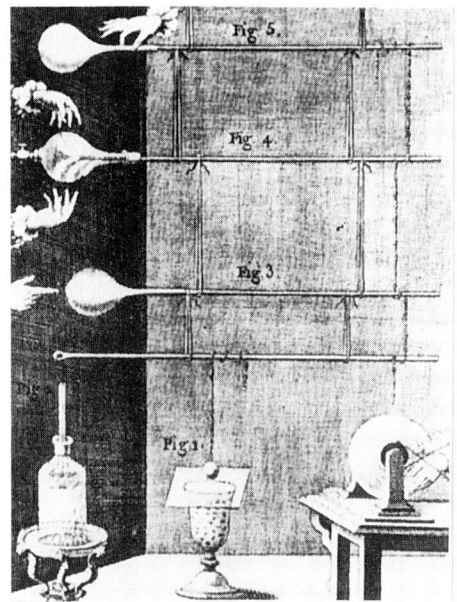

図1・19　ノレー（Jean Antonie Nollèt, 1700〜1770）の実験[4]

図1・20　ライデン瓶（下）と摩擦起電機（右）
　　　　（ミュンヘン科学博物館，1981年撮影）

にオランダ，フランス軍が加わるようになり，情勢は反転する．30年にも及ぶ戦乱で両派共に疲れ果て，1648年，ウェストファリア条約を結んで戦争は終結した．これによりブルボン家はハプスブルク家に対し，全面的優位性を確立し，アルザス・ロートリンゲンは仏領となった．また新教は承認され，オランダ，スイスの独立も国際的に認められた．戦争がドイツに残したものは，町や村の破壊，耕地の荒廃，人口の減少などで，ドイツの後進性をますます著しくした．

1.3　陰極線の本性

1851年，フランスのリュームコルフ（H. D. Ruhmkorff 1803〜1877 仏）は10数ボルトの蓄電池を使用して高電圧を発生させる装置を考案した．これは棒状の鉄心に巻数比を大きくした一次，二次巻線を巻き，一次側に直流電源を接続し，断続器の接点によって一次電流を断続することで二次巻線にパルス状の高電圧を発生させるものであった．接点を閉じたときは巻線の自己インダクタンスが大きいため，二次側には僅かな電圧しか発生しない．回路が開かれた時は大きな磁束変化があるため二次側に高電圧を発生することになる．この装置は現在の変圧器の原形ともいうべきもので，その後の高電圧実験に極めて重要な役割を果たすことになる．X線発見時の高電圧電源としても使用され，その後もかなりの間，X線発生用の高電圧電源（誘導コイル）として使用された．

図1・21　リュームコルフ誘導コイル[12]

図 1・21 はリュームコルフ誘導コイル[1]，図 1・22 は誘導コイル動作回路と各波形を示したものである[15]．

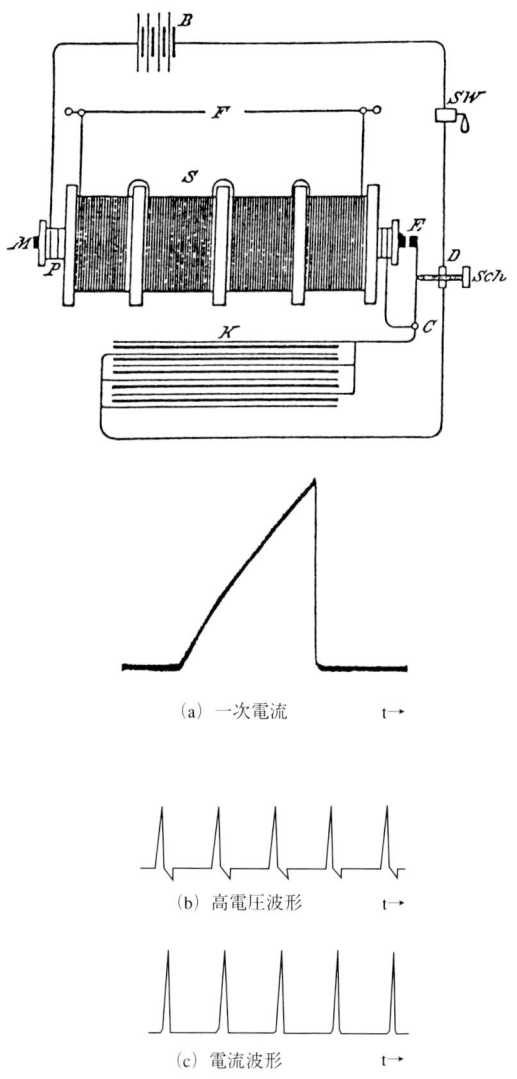

(a) 一次電流

(b) 高電圧波形

(c) 電流波形

図 1・22 誘導コイルの回路と各波形[5]

プリュッカー（Julius Plücker 1801～1868 独）は，有能な科学器械技術者であったガイスラー（Heinrich Geissler 1814～1879 独）の協力で多くの優れた研究を行った．放電現象の本格的な研究はプリュッカーによって始められたといっても過言ではない[6]．プリュッカーはボン大学の教授で数学を研究していたが，1850年頃から物理学に転じ，ガイスラーの協力で低気圧体中の放電現象について優れた研究を行った．そして7編の研究結果を発表したが，その中で最も重要なのは，放電管に磁石を近づけると蛍光の位置が変わるということであった．位置の変化は磁石の極を逆にすると正反対になった．これは蛍光の本性は何であろうと蛍光を発するのに電気が関係していることは確かであった．ここで，この蛍光の本性の解明の第一歩が踏み出されたのである（図1・23）[6]．

ガイスラーは当初，ボン大学の理化学器機の技術者であったが，プリュッカーの依頼で各種の放電管を試作するようになった．さらに研究を進展させるため1855年，従来の真空ポンプよりはるかに高い真空度が得られる水銀ポンプを考案した．管内の真空度は0.5 Torr程度まで排気できるようになり，いろいろな形の放電管について実験を行った．プリュッカーは論文の中で，ガイスラーの作った放電管をガイスラー管と呼ぶのがふさわしいという程，ガイスラーの技術を高く評価している．ガイスラーはその後独立し，理化学器具の製造販売を行っていたが，その真空技術については多くの研究者から高い評価を得ていた（図1・24）[2]．

ヒットルフ（Johann Wilhelm Hittorf 1824～1914 独）（図1・25）[8]はプリュッカーの弟子で，初めは化学を研究していたが，後に放電現象の研究を行うようになった[8]．1869年，ヒットルフは陰極と蛍光を発するガラス壁の間にいろいろな形の物体を置くと，その影がガラス壁に写ることを発見した．これは陰極から放射線のようなものが発生し，直進してガラス壁に衝突して蛍光を発するのであろうとヒットルフは推測した．

ゴルドシュタイン（Eugen Goldstein 1850～1931 独）は1871年頃からヒットルフの実験をさらに進め，いろいろな形の放電管，陰極を使用して多くの実験を行った．その結果この線は陰極面に対して垂直に放出され，その性質は陰極の物質に関係なく同一であることを確認し，この線を陰極線と名付けた[9]．

ヴァーリー（Cromwell Fleetwood Varley 1828～1883 英）は1871年，ガ

図1·23 プリュッカー (Julius Plücker, 1801〜1868)[6]

図1·24 ガイスラー (Heinrich Geissler, 1814〜1879)[2]

図1·25 ヒットルフ (Johann Wilhelm Hittorf, 1824〜1914)[6]

図1·26 クルックス (William Crookes, 1832〜1912)[6]

イスラーに依頼して放電管を入手し，実験を行った．電源は 600 個のダニエル電池（約 600 V）を用いた．ヴァーリーは陰極線が磁石により屈折されることから，陰極線は陰極から放出される負の電荷をもった物質微粒子であると推論した．これは，陰極線が微粒子から成るという粒子説の最初であった[9]．

クルックス（William Crookes 1832～1919 英）（図 1・26）[6] は化学の研究者であったが，分光学を研究するようになり新元素タリウムを発見した（1861 年）．1875 年頃からは陰極線の放電現象にも深い興味を持つようになり，多くの研究を行った[10]．さらに真空ポンプも改良し，10^{-3} Torr [*1] 程度まで管内の気圧を下げることに成功し，ガイスラー管，ヒットルフ管よりさらに高電圧で動作する放電管（クルックス管）を作った．

図 1・27 の左はヒットルフ管，右はクルックス管である[12]．

クルックスは陰極線に関する多くの研究業績を残したが，その中で，陰極を湾曲させることにより焦点を結ばせることができ，この位置に白金の箔を置き，陰極線をその部分に当てると白熱されることを発見した（図 1・28）[11]．そして陰極線の放電現象を物質の第 4 状態と呼んだ．クルックスはこの現象を写真撮影しようと試みたが，何回やり直しても写真乾板がかぶってしまい，ついに原因不明のまま写真撮影を断念するしかなかった．後になってこれが X 線によるものとわかったが，当時クルックスはこの原因が全くわからず，次第に陰極線の研究から遠ざかってしまった．クルックスにもう一つ鋭い洞察力があれば，X 線はレントゲンの発見よりも 15 年も前にクルックスによって発見されていたかも知れない．

X 線の発生を知らずに通り過ぎてしまったという話はアメリカにもある．1890 年，ペンシルヴァニア大学の物理学教授であったグッドスピード（Arthur W. Goodspeed 米）は陰極線の研究を行っていたが，管内の放電現象を写真撮影しようと友人の写真家にその撮影を依頼した．友人は管内の蛍光現象を数枚撮影して帰ったが，数日後，残念ながら写真は失敗したと言って送られてきた．その写真は図 1・29 のように放電現象は全く写っておらず，正体不明の 2 つの丸い影が写っているのみであった．グッドスピードは，この失敗した写真をそのまま机の引き出しの中に保管した．

5 年後，レントゲンの X 線発見の報告を聞いたグッドスピードは，以前失敗

第1章　X線発見の背景　21

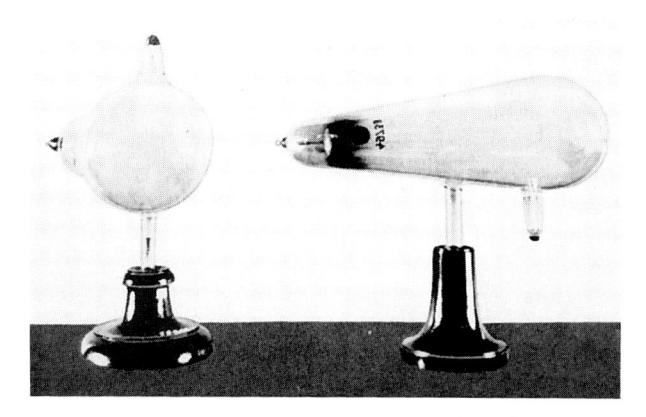

図1・27　ヒットルフ管（左）とクルックス管（右）

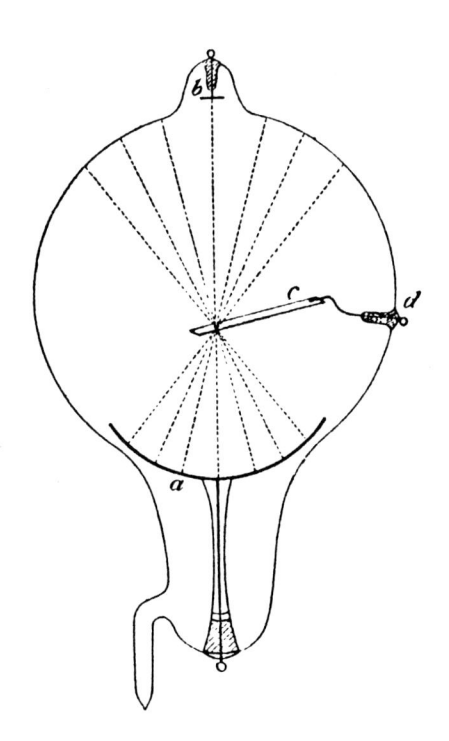

図1・28　クルックス（Crookes）の実験
（陰極線の集束）[1]

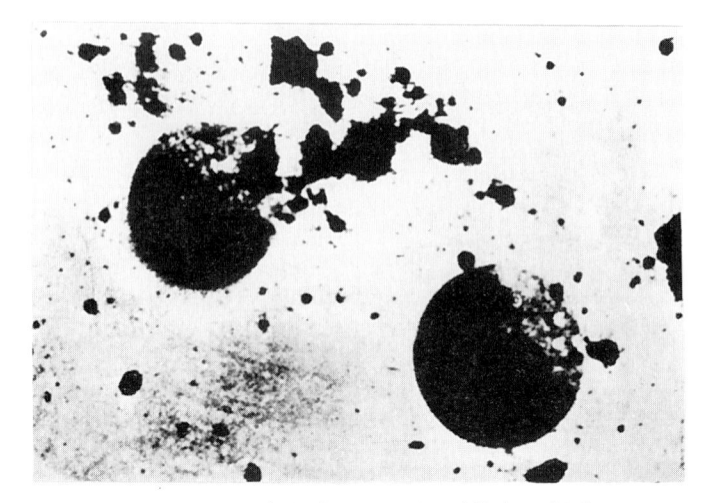

図1・29　グッドスピード（Goodspeed）の実験（1890年）[12]

した写真を思い出し，「あの丸い影は乾板の上に置かれたコインの影で，X線が発生していたため乾板全体が黒化されたが，たまたま乾板の上に置かれてあったコインの陰が写ったものである」と言い，「私は5年前にX線を発生させたが，発見者としての優先権を主張するつもりはない」と言った[12]．

　この話はアメリカで出版されたX線の歴史書にはほとんど書かれている話であるが，何故乾板の上に偶然とはいえコインが置かれたのか，さらに未撮影の乾板を何故現像したのか，話が一寸出来過ぎており，著者には前者のクルックスの話より信憑性は低いように思える．

　陰極線の本質が解明されてくるにつれ，これをめぐって荷電粒子説と電磁波説の論争が次第に激しくなってくる．

　ヘルツ（Heinrich Rudolf Hertz 1857～1894 独）（図1・30）[14] は1888年，マックスウェル（Maxwell）の電磁理論を実証し，不滅の功績を残したが，陰極線についても多くの研究を行った．1883年，ヘルツはダニエル電池1,800個（約1,800 V）を直列に接続して実験を行い，陰極線はパルス的ではなく連続的に発生することを示した．また放電管の中に電極を設け，静電場によって陰極線が偏向されるかどうかを調べたが，この実験は否定的な結果となり，陰

図1・30 ヘルツ（Heinrich Rudolf Hertz, 1857～1894）[6]

図1・31 レナルト（Philipp Eduard Anton von Lenard, 1862～1947）[6]

極線は負の電荷をもった粒子であるという説を否定した．さらに1891年，いくつかの金属の薄膜を陰極線が透過することを発見した．ヘルツはこのことから陰極線は新しい形の電磁波ではないかと主張した[15]．

レナルト（Philipp E. A. von Lenard 1862～1947 独）（図1・31）[6]はヘルツの弟子で，陰極線の研究をさらに進展させた．1894年，レナルトは2.65 μm の厚さのアルミニウム窓をもった放電管を作り，陰極線を空気中に数cm取り出すことに成功した．図1・32 はその放電管で，1.7×3 mm^2 の小窓から陰極線は空気中に放出され，この陰極線は物質を透過し，蛍光作用，写真作用があることを証明した．図左上の Fig.2 はアルミニウム窓の断面で，1.7×3 mm^2 の小窓に厚さ 2.65 μm のアルミニウム（F）が張られている．Fig.3 は放射孔に写真乾板を置き，陰極線の写真作用と空気中に放出される強度分布を求めたものである．Fig.3 は中心軸に平行な ϕ_1 の強度分布を示し，Fig.3a は ϕ_2，Fig.3b は ϕ_3 をそれぞれ示している．図右上の Fig.4 は 0.5 mm 厚の透明な石英ガラスと 5 μm 厚のアルミニウムを重ねて陰極線の透過性を写真撮影したものである．右側半分は 5 μm 厚のアルミニウム，下側半分は透明な 0.5 mm 厚の石英

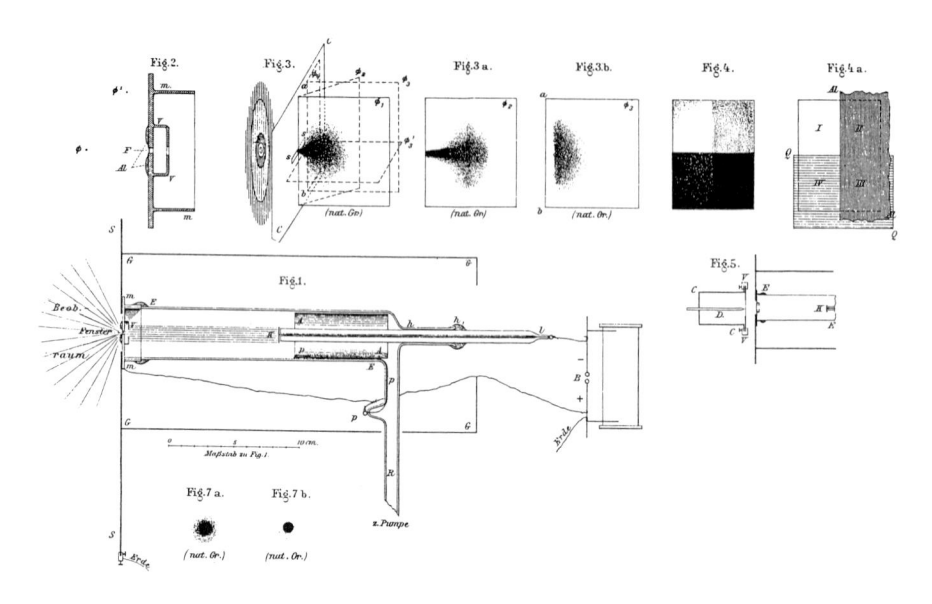

図1・32　レナルト（P.Lenard, 1862〜1947）が実験した窓付放電管[25]

ガラスで，透明な石英ガラスは陰極線をほとんど通さず，不透明なアルミニウム箔は容易に陰極線を透過するということは，当時の人々にとっては理解しがたい不思議な現象であった[25]．一方，帯電した原子大の粒子が固体物質を透過するということも考えられないことであったので，粒子説論者にとっては大変な驚きであった．図1・33は窓付放電管の外観である．

しかしイギリスでは粒子説の研究が着々と進められていた．

J. J. トムソン（Joseph John Thomson 1856〜1940 英）（図1・34）は27歳で母校のケンブリッジ大学の物理学教授となり，その後キャベンディッシュ研究所長となった．19世紀末からの30年間，イギリス原子物理学の主導的立場にあった．

J. J. トムソンは1894年，回転鏡を使用して陰極線の進む速さを測定したところ，1.9×10^6 m/sとなり，この値は光速と比べるとあまりにも小さく，陰極線を電磁波と考えることは無理であることを示した[16]．

1895年，フランスのペラン（Jean Baptiste Perrin 1870〜1942 仏）は陰極

図1・33　レナルトの窓付放電管（ミュンヘン科学博物館，1981年撮影）

図1・34　J. J. トムソン（J. J. Thomson, 1856〜1940）

線が荷電粒子であることを示す有力な実験を行った[17]．ペランは放電管内部に絶縁された円筒を設け，陰極線がこの中に入るとその円筒が負に帯電されることを証明したのである（図1・35）．

このように1895年頃は，陰極線の本性について荷電粒子説と電磁波説が真っ向から対立し，陰極線の研究は当時の物理学者にとって最も関心の深い対象であった．その後ペランの実験は，J. J. トムソンによりさらに進められた．図1・36のように陰極Aより発生した陰極線をスリットを通して導き，さらに磁場によってこれを曲げ，陰極線が絶縁筒に導かれたときのみ電位計が負に振れることを確かめた[18]．

さらにトムソンは，荷電粒子説に否定的であったヘルツの実験について，管内の真空度を 10^{-3} Torr 程度まで高くすることにより，数Vの電位差で陰極線が屈曲することを確認した．図1・37はJ. J. トムソンが実験を行った放電管である．この歴史的な放電管は，どういうわけかミュンヘンの科学博物館に展示

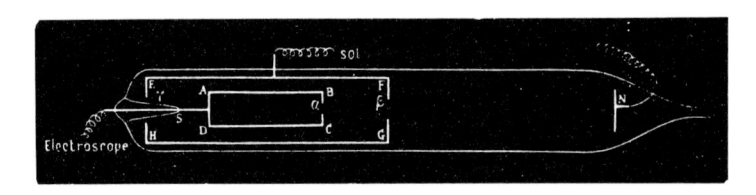

図1・35　ペランの実験（陰極線が負電荷を有することを証明した）[27]

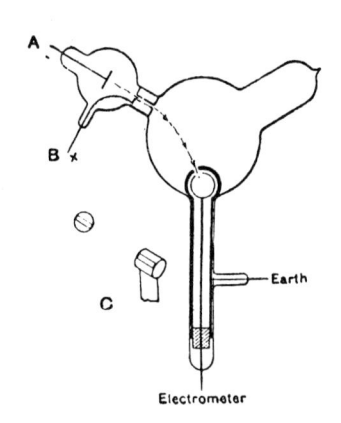

図1・36　J. J. トムソン（J. J. Thomson）の実験[18]

されていた（1981年）．これがイギリスのキャベンディッシュ研究所に飾られてあるなら当然のことであるが，当時，荷電粒子説と電磁波説でイギリスとドイツの物理学者は大論争をやっており，これがドイツの博物館にあるというのが一寸不思議であった．しかし，その後著者が1987年に行った時には，この放電管の姿は見られなかった．J.J.トムソンはこの放電管を使用し，さらに磁界による屈曲とを組み合わせることにより質量と電荷の比を求め，これから陰

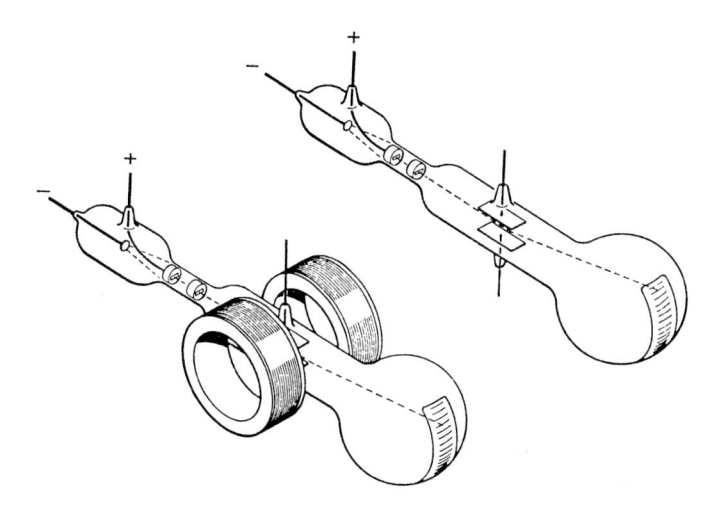

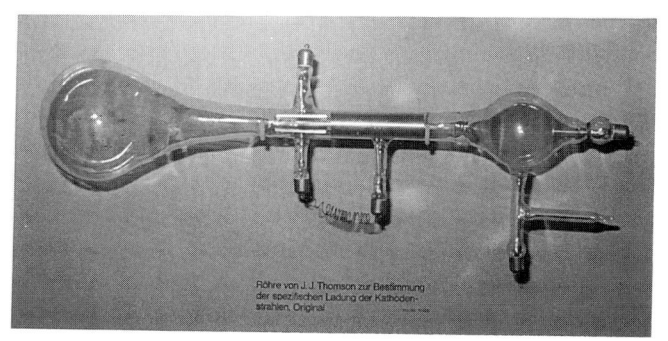

図1・37　J.J.トムソンが実験を行なった放電管
　　　　電界による屈折の実験と磁界による屈折とは同じ管を用い別々に行った．
　　　　（ミュンヘン科学博物館，1981年撮影）

極線が水素原子の約 1/1,000（現在では 1/1,840）の質量の荷電粒子であることを明らかにした．これは 1897 年のことで，2 世紀にわたる低気圧体中の放電現象の本性はここで漸く解明され，これがエレクトロニクスの発展の原点となり，今日に至っている．

──── *Note* ────
　＊1）　1Torr（1 Torricell）＝ 1 mm Hg ＝ 1/760 atm

第2章

X線の発見

2.1 研究の動機

1894年5月4日,ヴュルツブルク大学物理学研究所長であったレントゲン (Wilhelm Conrad Röntgen 1845～1923 独) は2通の手紙を書いた.この2通の手紙が後の大発見の糸口を作ることになる.

その1通は,ボン (Bon) 大学の物理学教授ヘルツの下で陰極線を研究していたレナルト宛に出された.レナルトはレントゲンより17歳年下で,当時はまだ講師であったが,陰極線については既に注目すべき研究を発表していた.特に,1894年4月に発表したアルミニウム箔の窓をもった放電管により陰極線を空気中に2～3 cm 取り出すことに成功したという論文は,多くの物理学者に注目された.

レントゲンもこの研究に大変興味を持ち,追試したいと思ったが,厚さ2.65 μm という薄いアルミニウム箔の入手が困難なため,レナルトに依頼の手紙を書いたのである.

「私は貴方の空気中における陰極線に関する重要な研究をかねてより追試したいと望んでおりますが,小窓のアルミニウム箔の入手ができず,困っております.もし貴方に手持ちのアルミニウム箔がありましたら,分けていただければ大変幸いです.」

2通目の手紙は当時,放電管の製作では定評のあったミューラー社に出された.

「レナルト氏の研究に使用された放電管は,貴社で作られたと聞いております.

私もその放電管の入手を希望しておりますので，至急お送りくださるようお願い致します.」

レナルトからの返事は直ぐにあり，「私も薄いアルミニウム箔の入手については困っております．メーカーは薄い箔の製造は難しいので作りたがらないし，板に穴を開けるのも綿密な注意が必要なため，やりたがらないようです．それで私の手持ちの中から2枚の箔をお送りします．しかし，最近ミューラー社が窓付放電管を製品化したと聞いておりますので，そちらに問い合わせてみたら如何かと思います」[12]．

レントゲンは大変運が良かった．数日後，レナルトが使用したものとは比較にならない漏洩の少ない窓付放電管（レナルト管）をミューラー社から受け取った．レナルトが使用した放電管は，初期の試作品のため漏洩が大きく，実験中は真空ポンプを動作させたまま行わなくてはならないという不安定なものであった．(図2・1　レナルト管)

レントゲンはこの新しい放電管を使って，レナルトが行った実験を繰り返し行った．そして助手であり友人でもあったツェンダーに，すばらしい実験ができ，感動していると手紙に書いた．この頃，レントゲンはヒットルフやクルックスの行った実験をことごとく追試した（図2・2　クルックス管）．当時は人生50年と言われた時代である．レントゲンも50歳になる頃であり，また物理学研究所長と大学の学長という要職を兼ねていたにも関わらず，陰極線という，当時物理学における最先端の研究に挑戦するというその旺盛な探求心が，X線という大発見を導いたものと信じている．

2.2 「放射線の一新種」の発見

レントゲンの陰極線の研究は，ヒットルフ，クルックスそしてレナルトが行った実験の追試が終わった時点で一時中断されたこともあったが，1895年秋，新しい興味が再びレントゲンを誘導コイルと放電管に引き込んだ．その頃レントゲンが陰極線の研究において最も関心を持ったのは，管内の放電現象より陰極線を空気中に引き出し，直接調べることであったと考えられる．それは多くの先駆者により既に数多くの管内放電現象が発表されていたにも関わらず，本

図2・1 アルミニウム箔窓付レナルト管．レナルト管の陽極（対陰極）は幾種類かあり，この陽極は図1・32のものと異なっている．また白金管を使用したものもある（後述）．（ロンドン科学博物館）

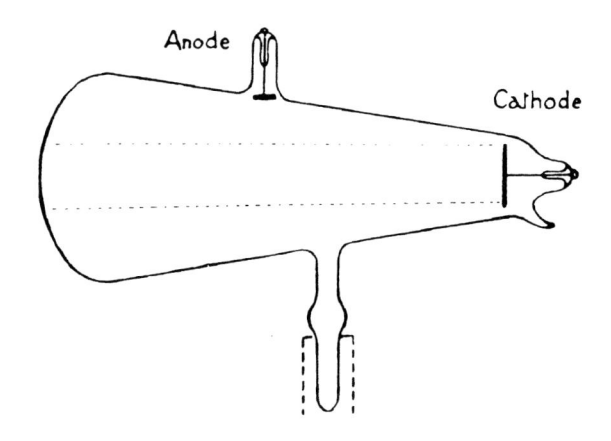

図2・2 クルックス管．陽極電圧が高くなると陰極線は直進するようになる．

質の解明には至っていなかったこと，そしてレナルトの研究に強い関心を持ち，自らも実験を始めたことから十分推測されることである．レントゲンは，レナルト管の使用により空気中での測定は可能となったが，その小窓は $1.7 \times 3 \, mm^2$ 角と小さい上，空気中での飛程は僅か 2 cm であった．レントゲンは陰極線の本質を解明するため，できるだけ多量の陰極線を空気中に放出させたかったが，レナルト管では入力を僅か増加させるだけで $2.65 \, \mu m$ 厚のアルミニウム箔は熱のため破損することになる．このようなことから大型の誘導コイルを使用し，できるだけ高度に排気した放電管を用いれば放電電圧も高くなるので，陰極線の強度も大きくなり，ガラス壁を通じてレナルト管よりも多量の陰極線を大気中に引き出すことができるのではないかと考えた．図 2・3 はパーシェン（Paschen）が実験的に作ったパーシェンの法則で，温度が一定なとき，放電電圧は p（気圧）× d（電極間距離）に比例する．電極間距離が 10 cm で 1 Torr の場合，放電電圧はわずか 400 V であるが，0.1 Torr では 3 kV にも達する．

　陰極線の検出はシアン化白金バリウムの蛍光板が用いられ，管内で発生する光は検出の妨げになるので黒紙で放電管全体を覆った．高電圧の発生には直径

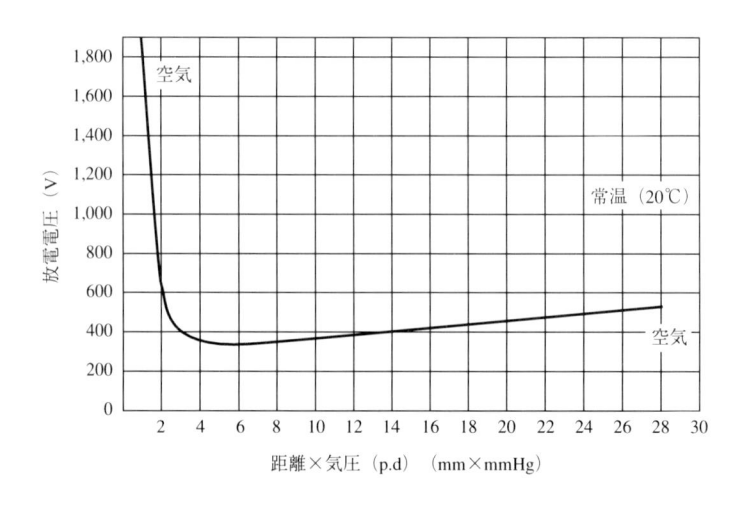

図2・3　平行板電極間の火花電圧（パーシェンの法則）

25 cm, 長さ 50 cm の当時としてはかなり大型のリュームコルフ誘導コイルが使用され，無負荷時の発生電圧は 100 kV 程度と推定される．実験は暗室内で行われた．

図 2・4 は X 線発見当時使用していた実験装置一式である．

放電管に高電圧を加えて電流を流したところ，近くにあった蛍光板が光るのを見出した．さらに驚くべきことは蛍光板が放電管から 1 m 離れていてもまだ光っており，物体を蛍光板と放電管の間に置くと厚い本や木では蛍光板の光はほとんど変わらず，アルミニウムやガラスではその影が現れ，そして手を入れ

図 2・4　X 線発見当時の実験装置一式
1. 電源の鉛蓄電池（32 V）
2. パルス状の直流電流（20 A）を流すためのデプレッツの断続器
3. 高電圧を発生させるための誘導コイル
4. ヒットルフのガス放電管
5. 放電管を排気するためのラプスの真空ポンプ
（レントゲン博物館特別展示，第 15 回 ICR ブラッセル，1981 年撮影）

ると薄い手の影のなかに骨が見えたのである．この時ばかりは冷静なレントゲンも，悪夢を見ているのではないかと思ったと言われている．

　この現象は，放電管のガラス壁を透過した陰極線が原因でないことは直ぐにわかった．それは，既に陰極線は空気中をせいぜい数 cm しか進まないことがわかっていたからである．これは 1895 年 11 月 8 日のことであった．図 2・5 は X 線発見の様子を描いたものであるが，この図には残念ながら誤りがある．それは既に述べたように，放電管の光は蛍光板の蛍光検出の妨げになるので，放電管全体は黒紙で覆われて実験されたのである．図 2・6 は X 線発見当時のレントゲンで 50 歳であった．

　レントゲンは，この不思議な放射線について直ぐに発表したいと思ったが，この放射線の写真作用，蛍光作用，そして程度の差こそあれ物質の透過作用などがレナルトの発表した空気中における陰極線の作用と一見同じようであった．そのため，この新しい放射線が陰極線とは全く異質なものであることを証明するため，この後，約 7 週間，研究室に閉じこもったまま，この不思議な放射線の性質を調べ，陰極線とは本質的に異なることを確認した．そしてその結果をまとめ，1895 年 12 月 28 日付で有名な論文「放射線の一新種について」("Uber eine neue Art von Strahlen") をヴュルツブルク物理医学会に発表した．この論文は 17 節から成り，その要旨は次のようなものであった[19]．

　　1. ヒットルフ管あるいはよく排気されたレナルト管，クルックス管を大きなリュームコルフコイルによって放電させ，放電管を黒紙で覆っておく．完全に暗くした室の中で白金シアン化バリウムの蛍光板を放電管の近くにもっていくと，蛍光面を放電管に向けようと反対側に向けようと蛍光板は明るい蛍光を発する．蛍光は放電管から 2 m 離れた所でも認められる[*1]．蛍光を起こす原因は放電管にあり，ほかの所ではないことは容易に認められる．

　　2. この現象において著明なことは，活発な蛍光を励起するある種の作用因が太陽光線，紫外線あるいは電弧（アーク）の光を透さない黒紙の覆いを通過することである．ほかの物体もまたこの性質を持つかどうかを調べると，程度の差はあるが，すべての

図2・5 レントゲンがX線を発見した時の想像図（放電管は黒紙で覆われ，完全に暗くした部屋の中で実験は行われた．この図は残念ながら誤りである）．

図2・6 X線発見当時のレントゲン（50歳）

物体はこの作用因に対し透明である（物体の透明度を"物体の後ろに置いてある蛍光板の輝度と同じ条件下にあって，物体が置かれていないときの蛍光板の輝度の比"で表す）．

　1,000ページ程度の本の後ろでも蛍光板がはっきり光るのを観察した．厚い木でも透明で，2～3 cm の厚さの樅材の木片はほとんど吸収しない*2)．15 mm ほどの厚さのアルミニウム板は作用をかなり弱めるが，蛍光を完全になくすことはできない*3)．数 cm の厚さの硬質ゴムもなお放射線を通過させる（簡単のために私は"放射線"という表現と，さらにほかの線と区別するために X 線という名称を用いたい）．

　放電管と蛍光板の間に手を置くと，手のわずかな不透明な影の中に手の骨のもっと暗い陰影が見られる．銅，銀，鉛，白金の薄板の後ろでも蛍光は，はっきり認めることができ，0.2 mm 厚の白金板はまだ透明で，銀，銅板はもっと厚くすることができる．1.5 mm 厚の鉛板はほとんど不透明である．

　3．各種物体の透明度は密度によって本質的に決まるが，これが唯一の決定項ではない．

　4．厚さが増すにつれ，すべての物質は透過しなくなる．

　5．種々の金属は厚さと密度の積が等しくても透明度は同じではなく，透明度はこの積が減ずるよりもはるかに大きくなる．

　6．白金シアン化バリウムの蛍光は X 線が認められる唯一の作用ではない．りん光性物質として知られるカルシウムの化合物，ウランガラス，方解石，岩塩などがある．

　特に意義があることは，写真乾板が X 線に感じやすいということで，さまざまな現象を記録することが可能である．他方この性質により，未現像の写真乾板を厚紙に包んだだけでは放電管の近くに少しの間も放置してはならないことになる．

　目の網膜は放射線に対して感じない．われわれの経験によれば目の中の媒質は十分透明に違いないのであるが，目を放電管に近づけても何も認められない．

7．X 線がプリズムを通過するとき，屈曲するかどうか調べてみたが，蛍光板あるいは写真乾板のどちらでも認められなかった．したがって X 線をレンズによって一点に集めることができないことは明白である．

8．X 線の反射の問題については多くの実験から目立った規則的な反射は起こらなかったが，反対の結果を与えるような観察も述べなくてはならない．

写真乾板を黒紙で包み，ガラス側を放電管に向け，感光面は白金，鉛，亜鉛，およびアルミニウムの薄板を星形にして覆って，X 線に露出した陰画上で，白金，鉛，とりわけ亜鉛の下が他の場所より黒くなることがはっきり認められる．アルミニウムは何の効果も生じなかった．それゆえ前記の 3 つの金属は X 線を反射するように見える．さらに感光面と金属板の間に薄いアルミニウム箔を入れても同様の結果が得られたので，前記金属による X 線の反射が立証される．

9．物質中の粒子の配列もまた透明度に影響しうる．たとえば方解石片は厚さが等しい場合，軸方向に通過するかあるいは直角であるかによって異なった透明度を持つだろう．しかし，方解石と石英に関する実験は否定的な結果を得ている．

10．放電管からおよそ 10 cm と 20 cm の距離における大気中の蛍光板の蛍光強度をウエバーの光度計を用いて比較することに成功した．そしてこれらの強度が放電管からの距離の 2 乗に逆比例する [*4] ことを知った．したがって空気は通過する X 線を，陰極線の場合よりわずかしか妨げない．この結果は，蛍光が放電管から 2 m の距離でもなお検出できるという観察と一致する．

11．陰極線と X 線の顕著な相違は，磁石による強力な磁場の中にあっても X 線の屈折を得ることに成功しなかったことである [*5]．磁石による屈折は陰極線の独特な性質とみなせる．

12．放電管のガラス壁の蛍光の最も強い場所がすべての方向に広がる X 線の主要な起点とみなされることは確かである．した

がってX線は陰極線がガラス壁に衝突する点から生ずる[*6]．もし陰極線が磁石によって放電管内部で曲げられるならば，X線も別な点から出てくることがわかる．したがってX線は陰極線と同じものではなく，放電管のガラス壁内で陰極線によって発生される[*7]という結論に達する．

13．X線の発生はガラス壁内で認められるばかりでなく，放電管内に封入された2 mm厚のアルミニウム板でもその発生を観測することができた．

14．放電管の壁から放射される作用因の代わりに"線"という名称を用いることの正当さは，多少透明な物体を放電管と蛍光板（あるいは写真乾板）の間に置くときに示す極めて規則正しい陰影に幾分かは由来している．この種の陰影を作ることは大変魅力を示すが，私はそのようにして作った陰影を観察したり，写真撮影を行った．たとえば部屋を仕切るドアの輪郭の陰影，手の骨の影，木の巻枠に巻かれた電線，小さな木箱に入れられた1組の分銅，磁針が完全に金属で覆われた羅針盤などの写真を所有している．

X線の直線的伝播に関する証明は，黒紙で覆った放電管で作られたピンホール写真で得られる[*8]．像は薄いが明らかに正しい．

15．X線の干渉現象についてはいろいろな実験を行ったが，成功していない．おそらく強度が小さいためであろう．

16．静電力がX線になんらかの影響を与えるかどうかを確立する実験は始められているがまだ成功していない．

17．X線とは何であろうか——それは陰極線ではありえないが——まず活発な蛍光と化学作用を示すことから紫外線という考えが導かれるが，(a) 物質を通過するとき目立った屈折を受けない，(b) 目立つ程規則的に反射されない，(c) 普通に使用される方法では偏向されないなどのことから，私はこれを受け入れることができなかった．そこで私は別な解釈を探した．エーテル[*9]中には横振動のほかに縦振動もありうるし，多くの物理学者の見

第2章　X線の発見　39

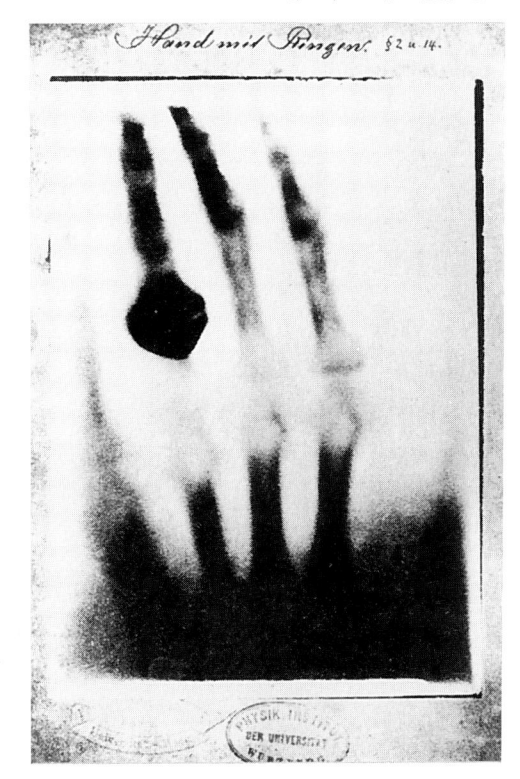

図2・7　人体最初のX線写真（レントゲン夫人の手）[12]

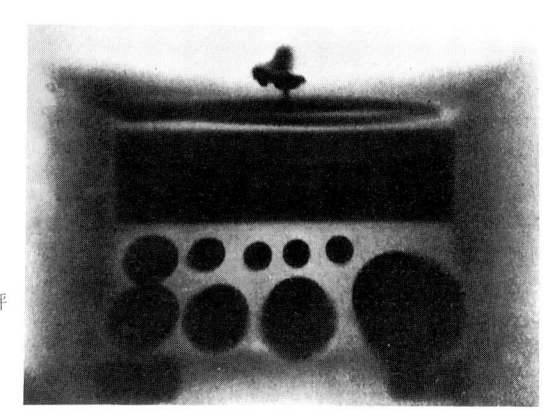

図2・8　木のケースに入った秤の分銅[12]

解によれば存在しなければならないということも既に知られている．確かにその存在は明白に証明されているわけではないが，新しい線はエーテルの縦振動に属するものではないのか？ 私の研究の過程で益々この見解に傾いてきたことを認めなければならない．そして私は与えられた解釈が今後の基礎づけを要することを十分に意識しているが，ここでこの推測を表明することを許していただきたい．

ヴュルツブルク大学物理学研究所

1892年12月

このようにレントゲンはそれまで全く未知であった新しい種類の放射線"X線"を発見し，わずか7週間でその性質のほとんどを調べ，第1報として発表した．この発見の口頭による発表は年末のため行われなかったが，論文の内容が重大な発見であったため，直ちに印刷された．1896年1月1日，レントゲンはこの論文の別刷と羅針盤，夫人の手などのX線写真のプリントを同封して何人かの物理学者の知人，友人に送った（図2・7, 図2・8）．間もなくこの発見のニュースは世界中に伝えられ，物理学者はもとより一般世間にも大反響を呼ぶことになる．

―――― *Note* ――――

*1) 陰極線ではその飛程は数cm程度で到底考えられない
*2) 陰極線とは比較にならない透過力である．
*3) 発見当時の印加電圧は一般に50 kV程度と言われているが，15 mm厚のアルミニウムでもまだ蛍光作用が認められるという文から推測すると，レントゲンは80 kV程度の高電圧を発生させていたことは十分に考えられる．
*4) このことは陰極線がガラス面に衝突した個所からX線が発生することを証明している．
*5) このことが陰極線とは全く異質なものであることを証明している．
*6, 7) レントゲンはこの節でX線と陰極線の根本的な相違とX線の発生機構を明らかにしている．しかしこの節を理解した物理学者はわずかで，ほとんどの

研究者は陰極線の一種と思った．
* 8) 放電管の X 線発生源の中心で，ピンホールおよび写真乾板の黒化された面の中心点が直線上にあることの確認である．
* 9) 当時，光（電磁波）の媒体をエーテルと呼んだ．

第 3 章

W.C.レントゲンの生涯

3.1 チューリッヒの青春

　レントゲン（Wilhelm Conrad Röntgen [1], [19~24] 1845～1923 独）は 3 月 27 日，現在のドイツ，北ライン 西ファーレン州のレムシャイド レンネップ（**巻頭写真 1**）に生まれた．**巻頭写真 2** は生家で，内部は X 線発見当時の古い資料が展示されている（**巻頭写真 3**）．

　生家の近くにはレントゲン博物館がある（図 3・1）．この博物館は 1932 年，レントゲンの偉業を記念して建てられたもので，レントゲンの遺品，発見当時から現在に至るまでの多くの X 線装置や医用放射線技術の発展の歩みなどが展示されている．写真は設立当時の旧館で，その後何回か増築されている．図 3・2 は 1980 年頃のもので，現在は旧館の左側奥に新玄関ホールが作られている．図 3・3 は 1982 年，開館 50 周年で改装され，その記念ポスターである．図 3・4 は上空から見たレンネップの町である．

　レントゲンの父は綿布の製造・販売業を営んでおり，母はオランダの人であった．1848 年，レントゲンが 3 歳の時，一家はオランダのアペルドルンに引越した．引越した理由は定かではないが，19 世紀中頃のドイツは多くの公国から成っていたため，プロシアを中心としたドイツ帝国統一という気運がある一方，共産主義思想による革命の旋風が吹き荒れており，それに経済恐慌が加わってドイツの社会情勢は安定しているとは言えなかった．このようなことから事業も不振となり，当時政治的にも経済的にも安定していたオランダへ移ったのではないかと推測される．図 3・5 はレントゲンの父が幼いレントゲンのた

図3・1　レントゲン博物館（旧館）
　　　　左側が入口になっている（1980年頃）[26]．

図3・2　レントゲン博物館全景（1980年頃）

第3章　W.C.レントゲンの生涯　45

図3・3　1982年，ドイツ，レムシャイド－レンネップにあるレントゲン博物館，開館50周年記念ポスター「世界で唯一の放射線の応用と発生装置の博物館のあるレントゲン線の発見者の記念の地，医学における初期から現在までの自然科学と技術」

図3・4　上空から見たレンネップの町．左上の矢印がレントゲン博物館．左下の矢印は生家[26]．

めに作ったレンネップの家の模型で，息子が生家を忘れないようにと与えたものである．レントゲンはアペルドルンで初等・中等教育を受け，1862 年，ユトレヒト（アペルドルンの西約 60 km の所にある古都で，人口約 25 万人）の工業学校に入学した．そしてその学校の教師でもあったフニング（Jan Willem Gunning）の家に下宿した[24]．フニングはユトレヒト大学の化学の講師でもあった．レントゲンは優れた生徒で，それは彼の成績表でも知ることができる[24]．数学，幾何学の評価は常に秀か優で，化学は優か良である．しかし奇妙なのは，ノーベル物理学賞を授与された最初の物理学者であるレントゲンが，物理学では不可（poor）をもらっていることである（図 3・6）．自然科学担当の教師はレントゲンの最後の成績表では不可と評価した．そして教師達の学校におけるレントゲンの評判は決して好意あるものではなかった．レントゲンは長い間，慎みのない，傲慢な生徒であると思われていたのである．このようなことが退学事件を引き起こすことになる．

　ある日，生徒の一人が数学教師の似顔絵をストーブの衝立に書き，皆で騒いでいた所へ当人が入ってきた．数学の教師は，誰が書いたかと詰問したが，誰も自分が書いたと名乗り出る者がいなかった．その教師はレントゲンに誰が書いたか言えと迫ったが，レントゲンは頑としてそれを拒否した．真犯人はついに名乗り出なかったので，最終的にはレントゲン自身が罰せられることになってしまい，最終の成績表を受け取る数ヶ月前に退学処分になってしまった．

　レントゲンにとって第二の父であり，良き指導者であったフニングでさえ，この事件を押さえることはできなかった．フニングと相談の結果，アペルドルンの両親の元には帰らず，大学入学資格試験を受けるためユトレヒトに留まることにした．

　1865 年 1 月，資格試験を受けたがこの結果は残念ながら不合格であった．一説によれば，この時の試験面接官が例の似顔絵の数学教師だったため，結果は初めから判っていたという話もある．

　このようなことから，その後 2 年間は独学でラテン語を勉強したり，ユトレヒト大学の聴講生になったりして傷心の時を過ごした．

　レントゲンは若い頃，機関車が好きだった．そして操車場とか整備工場のような所へよく出かけ，機関車を眺めていたらしい．そこでスイスから来ていた

第3章　W.C.レントゲンの生涯　47

図3・5　レントゲンの父が作ったレンネップの生家の模型[26]

図3・6　ユトレヒト工業学校における
　　　　レントゲンの成績表[24]

トールマン（Thormann）という技術者と知り合った．いろいろ話し合っているうちに，レントゲンの現状を聞いたトールマンは，チューリッヒに大学入学資格がなくとも入学できる充実した学校があることをレントゲンに教えた．それは，1855年に創立されたスイス連邦立工業専門学校（Eidgenossische Polytechnischen Schule）で，日本の旧制工業専門学校に相当するような学校であった．この学校はチューリッヒ大学に隣接して建てられ，19世紀末には工科大学に昇格した．アインシュタイン（Albert Einstein 1879～1955 独）もこの大学の出身である．この大学は丘の上に立てられている．図3・7は中央駅から丘の方を見たもので，右がチューリッヒ大学，左側が工科大学である．図3・8はレントゲンが撮影したもので，中央駅（左側の手前の建物）付近から工科大学，チューリッヒ大学を見たものである．この写真は第15回ICRブラッセル（International Congress of Radiology 1981）でレントゲン博物館より特別展示されていたものである．撮影時期は不明ということであったが，中央駅が完成していること，右のチューリッヒ大学の中央塔がまだ作られていないことから19世紀末ではないかと考えられる．

　図3・9は現在の工科大学（Eidgenassiche Technischen Hochschule）の正面である．坂を下りるとザイラーグラーベン通りに出る．この7番地にはレントゲンが下宿していた家がそのまま残っている．図3・10は1930年頃に撮影されたもので，その後，1960年頃には取り壊されたという話であった．1981年（第15回ICR），著者はチューリッヒを訪ね，地図を頼りにザイラーグラーベン7番地を探したところ，記念の銘板の付いた家が現存することを確認した．図3・11は1989年（第17回ICRパリ）にチューリッヒを訪ね，再撮影したものである．図3・12は記念の銘板で，「彼の名にちなんだ放射線の発見者，チューリッヒ大学の博士ヴィルヘルム・コンラッド・レントゲンは連邦立工科大学の学生として1866～1869年にここに住んでいた」と記されている．

　この下宿の近くに"緑のグラスの家"（Wirtshaft zum grunen Glas）という小料理店があった．ここの主人ルートヴィッヒ（Jonann Gottfried Ludwig）は政治運動をやりすぎてドイツの大学を追われ，スイスに亡命した人物であった．学生に人気があり，ラテン語やフェンシングを教えていた．レントゲンも

図3・7 チューリッヒ中央駅から工科大学を望む（1981年撮影）

図3・8 レントゲンが撮影した工科大学（左側），チューリッヒ大学（右側）である．手前左側の建物は中央駅である．

図3・9　連邦立工科大学（ETH）本館正面（1989 年撮影）

図3・10　レントゲンが下宿していた家（ザイラーグラーグン7番地, 1930年頃）[22]

図3・11　現在でも残っているレントゲンが下宿していた家．（1989年撮影）

WILHELM CONRAD RÖNTGEN,
DER ENTDECKER DER NACH JHM BENANNTEN STRAHLEN,
DOKTOR DER UNIVERSITÄT ZÜRICH,
WOHNTE HIER 1866-1869 ALS STUDIERENDER AN DER
EIDGENÖSSISCHEN TECHNISCHEN HOCHSCHULE.

図3・12　レントゲンの記念の銘板

この店の常連の一人で，この主人ルートヴィッヒに尊敬の念をもっていた．図 3・13 は 1930 年頃の"緑のグラスの家"で，この地区は 1960 年頃建て直され，図 3・14 は現在の家で，店の名前は同じであるが，経営はルートヴィッヒとは関係のない人になっている．

ルートヴィッヒには 3 人の娘があり，レントゲンは 2 番目の娘アンナ・ベルタ・ルートヴィッヒ（Anna Bertha Ludwig）と知り合うようになる．そして次第に親しくなり，二人は美しいチューリッヒ湖でボートを楽しんだり，近くの山へハイキングに出かけたりして大いに青春を謳歌した（図 3・15, 図 3・16, 巻頭写真 4）．

1868 年，レントゲンは 3 年間の学業を終了し，機械技術者となった．卒業後はオランダに帰り，高等学校の物理の教師になるつもりでいたようであるが，その頃レントゲンが尊敬していた物理学教授のクラウジュース（Clausius 1822〜1888 独）が転出し，その後任としてクント（August Adolph Eduard E. Kundt 1839〜1894 独）[1]（図 3・17）が赴任してきた．レントゲンはクントの勧めにより研究生として学校に残り，物理学に転向した．そして 1 年で「気体に関する研究」（"Studien uber Gase"）という学位論文をまとめて，チューリッヒ大学の第二哲学部（理学部）へ提出した．1869 年 6 月，この論文は審査に合格し，レントゲンは哲学博士の学位を授与された（図 3・18）．

―― *Note* ――

*1） クントは音響学が専門で，1866 年，気体中の音速を測定する方法を発見した．1888 年，ヘルムホルツの跡を継いでベルリン物理学研究所長となった．レントゲンの優れた才能を見いだしたのはクントであった．しかし 1894 年，レントゲンの大発見を見ないでこの世を去った．

第3章 W.C.レントゲンの生涯 53

図3・13 "緑のグラスの家"
(1930年頃)[22]

図3・14 現在の"緑のグラスの家"
(1981年撮影)

図3・15 アンナ ベルタ ルートヴィッヒ (Anna Bertha Ludwig, 後の Röntgen 夫人)[12]

図3・17 アウグスト クント (August Kundt, 1839〜1894)[26]

図3・16 （上）若い二人は美しいチューリッヒ湖でボート遊びを楽しんだ．
（下）Röntgen はチューリッヒの素晴らしい自然に魅せられてしまう．

図3・18 レントゲンの学位論文「気体に関する研究」（1869年6月）

3.2　物理学者として

　1870 年，クントはヴュルツブルク大学の物理学教授として転任することになり，レントゲンも助手として同行した．

　一方，ベルタは幼い頃から病弱な体質で，この頃はユトリベルクの療養所で静養していた．レントゲンはしばしばユトリベルクを訪ね，ベルタを見舞った．そして彼女と結婚することを決意し，1872 年 1 月，二人はアペルドルンで結婚式を挙げた．レントゲンは 27 歳，ベルタは 5 歳年上であった．

　クントはレントゲンの優れた才能を高く評価し，大学教授資格（Habilitation）を与えるよう教授会に求めたが，レントゲンが高等学校（Gymnasium）の卒業資格がなく，正規の大学教育を受けていないことから認められなかった．

　1870 年 7 月，普仏戦争が始まった．これはドイツ統一をめざすプロシアと，これを阻もうとするフランスの争いであったが，このときはプロシア軍の圧勝で，戦争は半年で終わり，ここにドイツ帝国が誕生することになる．そしてドイツはアルザス・ロートリンゲン地方を領有することになる．新たにドイツ領となったシュトラスブルクには閉鎖中の大学があったが，これが再開されることになり，クントはこの大学の物理学主任教授として招かれた．

　1872 年 3 月，クントはレントゲンと共に赴任した．この大学は新設ということもあって研究設備はかなり整備され，自由な雰囲気で研究することができた．レントゲンの提出した教授資格論文はここで認められ，講師となった．

　1875 年 4 月，レントゲンはシュッットガルトの近くにあるホーヘンハイム農業大学から数学・物理学教授の招請を受けた．レントゲンはこれを受諾して赴任したが，物理学実験設備などはほとんどなく，シュトラスブルクでの研究を続けることは全くできなかった．しかし幸いにも 1 年後，シュトラスブルク大学に復帰し，助教授に就任した．

　レントゲンはここで 15 編の多方面にわたる論文を発表した．それは気体の比熱，熱の伝導性，放電現象などで，レントゲンの実験物理学者としての地位はこの頃確立された．

　2 年後の 1878 年，クントのもとに一人の日本人留学生がやってきた．村岡範為馳である（図 3・19）．明治政府は優れた人材を育てるため欧米各国に多く

の留学生を派遣したが，村岡もその一人で，音響学が専門であったクントのもとで研究生となり3年間ここに留学した．村岡は日本へ帰国後，第三高等学校教授，京都大学教授などとなり，レントゲンのX線発見の報を聞くと直ちに島津源蔵（現 島津製作所の創始者）と協力し，日本における初期のX線実験を行った一人となった．

レントゲンのシュトラスブルクにおける研究業績は，レントゲンが優れた実験物理学者であることを実証するのに十分であった．

1879年，ギーセン大学の物理学教授が亡くなり，その後任人事が取り沙汰されていた．当時，ベルリン大学の物理学教授でドイツ物理学会の長老格であったヘルムホルツ（Hermann Ludwig Ferdinand von Helmholtz 1821～1894 独）[*1]（図3・20）はこの人事の相談を受け，レントゲンを推薦した．

1879年4月，レントゲンはギーセン大学の物理学教授となった．34歳であった．ギーセンはフランクフルトの北，約50 kmにある小さな街であるが，古くから大学があった．

レントゲンが赴任した当時，物理学の設備はシュトラスブルクとは比較にならない貧弱なものであったが，レントゲンの就任と同時に物理学実験室，実験器具などが急いで整備された．図3・21は1879年頃のギーセン大学である．

レントゲンはギーセン時代に18編の論文を発表した．気体の圧縮，熱線，ピエゾ電気，圧縮率など多くのテーマについて実証した．

1888年，レントゲンは静電場内で誘電体を運動させると周囲に磁気効果を生じるという現象を発見した．このときに流れる電流はオランダのライデン大学教授ローレンツ（Hendrik Antoon Lorentz 1853～1928 蘭）[*2]によりレントゲン電流と名付けられた．図3・22はギーセン大学教授時代のレントゲン夫妻である．夫妻は8年間ギーセンで充実した時を過ごした．

同じ年の秋，ヴュルツブルク大学からレントゲンに物理学教授の招請状が送られてきた．18年前，レントゲンが正規の大学教育を受けていないことを理由に，大学教授資格試験を受けさせなかった大学から物理学正教授の依頼がきたのである．

1888年10月，レントゲンはコールラウシュ（Kohlrausch）の後任としてヴュルツブルク大学物理学教授となり，1894年には学長となった．

図3・19　村岡範爲馳（1853～1929）

図3・20　ヘルムホルツ（Hermann Ludwig Ferdinand von Helmholtz, 1821～1894 独）[1]

第3章　W.C.レントゲンの生涯　59

図3・21　ギーセン大学（1879年頃）

図3・22　ギーセン大学物理学教授時代のレントゲン夫妻[11]

図3・23 1895年頃のヴュルツブルク大学物理学研究所．最上階は教授夫妻の住居になっていた．この建物は1981年，修復が行われ，現存している．

図3・24 1896年1月23日，ヴュルツブルク物理医学会における記念講演"

第3章 W.C.レントゲンの生涯　61

　1895年11月，陰極線の研究中にX線を発見し，12月には有名な論文「放射線の一新種」をヴュルツブルク物理・医学会に発表した．50歳であった（図3・23，1895年頃の物理学研究所である）．

　1896年1月5日，ウィーンの新聞ディー プレッセ（"Die Presse"）は"センセーショナルな発見"と題して大発見のニュースを報ずる．翌6日，この報道は電信によりロンドンから世界各国に伝えられ，大変な話題となる．

　1月12日，レントゲンは皇帝ヴィルヘルム二世の前でX線の実験を行い，この功績により勲2等宝冠章を授与される．

　1月23日，ヴュルツブルク物理・医学会において歴史的な記念講演を行う．講演の後，公開実験が行われ，解剖学教授ケリカー（Rudolf Albert von Kölliker 1817～1905 独）の手が撮影された．この時，ケリカーは発見者の栄誉を讃えてこの不思議な放射線をレントゲン線と呼ぶことを提案し，満場割れんばかりの拍手で可決された．図3・24は記念講演における公開実験，図3・25はその時撮影されたケリカーの手の写真である．

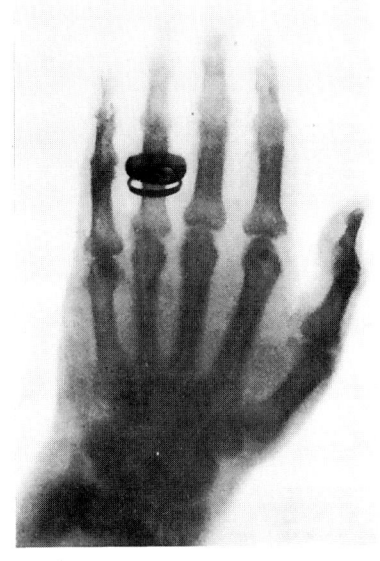

図3・25　ケリカー（Alfred von Kölliker）教授とケリカーの手のX線写真[12]

1896年3月，レントゲンは第2報をヴュルツブルク物理・医学会に発表した．この論文は第1報の続きとして書かれ，18節から21節まで述べられている．その概要は次のようなものであった．

18. X線は帯電体を放電させる．この作用は第1報を発表したときにわかっていたが，その時点では確証が得られなかったので発表を控えていた．この実験は亜鉛板を張った大きな観察箱で行った．空気中に置かれた正または負に帯電した物体はX線で照射すると放電し，X線の強度が大きいほど急速に放電する [3]．
19. 放電管と誘導コイルの間にテスラ装置を用いることは有益で，これによりさらに強力なX線を発生させることができる [4]．
20 X線はガラスだけでなくアルミニウムでも発生しうるということは既に第1報の13節で述べたが，今まで行った実験ではより強いX線を発生させるには白金が最も適している．さらにアルミニウムの凹面を陰極，白金板を陽極とし，陽極が管軸と45度の角度を持ち，陰極の曲率中心におかれている放電管を用いて成功した [5]．

第2報の論文を学会に提出し，3月中旬レントゲン夫妻は安息を求めて南イタリアへ旅立った．ナポリからカプリ島，ソレントなどを旅した．図3·26 は「ナポリを見て死ね」のナポリ市街とヴェスヴィオ火山，図3·27 は絵のように美しいカプリ島の玄関，マリーナ・グランデの港である．カプリ島は紀元前1世紀頃から古代ローマの王侯貴族の保養地だった．図3·28 はソレントで，ナポリ湾のパノラマを一望できる．その後，夫妻はミラノの北約100 km の所にあるコモ湖を訪ねた．コモは電池の発明で有名なボルタ（Alessandro Count Volta 1745～1827 伊）の出身地である．コモ湖も古代ローマ皇帝に愛され，18～19世紀にはヨーロッパの各国王室や富裕な人々が湖畔に壮大で瀟洒な別荘を建て，イタリアきっての避暑地となっている．レントゲンはこのカデナビアもお気に入りのようで，春の休暇は何回かここを訪れた．図3·29 はホテルでくつろぐレントゲンである．図3·30 は湖から見たカデナビアである．

図3・26　ナポリ市街とヴェスヴィオ火山

図3・27　カプリ島　マリーナグランテ

図3・28　ソレント港

図3・29　コモ湖カデナビアのホテルでくつろぐレントゲン[12]

図 3·30 コモ湖から見たカデナビア

　4 月以降，バイエルン宝冠章その他世界各国から賞が贈られ，また多くの学会の名誉会員に推される．

　1897 年 3 月，レントゲンは第 3 報「X 線の特性に関するその後の観察」をプロシア科学学会に発表した．

　この第 3 報は第 2 報の約 1 年後に発表されたもので，第 1 報のようなセンセーショナルな報告は見られないが，当時はまだ研究者でも X 線を発生させるために必要な高電圧が漸く得られるようになったばかりの頃に，レントゲンは大型誘導コイル，さらにテスラコイルなどを使用し，100 KV 以上の高電圧を発生させ，その制御法も十分に心得ていたことを報告している．

　そして発生 X 線の強度，さらにその線質にまで言及している．

　1) 同一構造の放電管でも，放電管によって発生 X 線の強度が大幅に異なることがある．その理由は管内の真空度がかなり異なっているからである．

　当時の誘導コイルは内部インピーダンスが大きいので，誘導コイルの無負荷出力電圧がたとえ一定であっても，負荷である放電管の真空度によって放電管の内部抵抗は大幅に変化する．したがって流れる電流も大きく変わり，誘導コ

イルの出力電圧も放電管の真空度で決まるといっても過言ではない．これは今日のパーシェンの法則であるが，当時の研究者のほとんどはまだこの関係を知らなかった．

　レントゲンがX線発見に成功したのは単なる偶然ではなく，これら豊富な実験経験があったからこそと思われる．

　2) X線写真の画質について，低管電圧の場合は軟らかい，高管電圧では硬いという表現を用い，軟らかいX線の場合は骨が明瞭ではない暗い像になり，少し硬いX線を使用すると明瞭となり細部まで見えるが，軟らかい部分は弱い．更に極めて硬いX線を使用すると骨も弱い影を与えるに過ぎない．

　このようにX線写真を撮影する場合，同じ部位についても使用するX線によって画質（コントラスト）が異なること，被写体の厚さによって使用する放電管を選択しなければならないことを述べており，現在のX線写真撮影の基本をこの時点で書いていることは驚きである．

　3) 同じ放電管でも発生X線の線質は周囲の状況（この場合は誘導コイルを中心とした高電圧発生装置一式）に依存する．

　a) 誘導コイルの断続器の種類によって変わる．

　断続器は図1・21のように1次電流の遮断時に高電圧を発生するもので，レントゲンは使用する断続器（デプレッツ，フーコー）によって遮断特性が異なるので，当然発生する高電圧も異なると述べている．

　b) 放電装置の2次側に接続された高電圧測定用の火花間隙（当時は針端間隙で不安定なものであった）については使用中，当然放電しないよう距離を長くするので，装置が動作中どのように影響するかということは不明である．（これは撮影中，管電圧が一定であるかどうかということで，負荷時には管電圧が変動してX線強度も変わるのではないかと示唆している）．

　c) テスラコイルを設けること．

このコイルの使用により高電圧はおよそ2倍に上昇させることができる．

　d) 放電管内の真空度（既述）

　放電電圧は管内の気圧により大幅に変化することは既に述べた．

　4) 誘導コイルに放電管を接続したまま動作させ，さらに排気を続けて行くと強いX線が発生する．これは放電管の電圧が高くなってくるからで，そのた

め針端間隙の距離を長くしなければならない．すなわち放電管が硬度になったため，間隙の距離を 20 cm にしなければならない程，著しく透過力をもった X 線が放射され，蛍光板で調べて，厚さ 4 cm の鉄板をも透過できることがわかったと述べている．

放電距離が 20 cm とするとその時の高電圧はおよそ 120〜150 kV と推定されるが，当時の針端間隙は尖端の角度で放電電圧が変わるので正確な値を知ることはできない．また，レントゲンが X 線発見当時使用していたという装置には 10〜20 mm φ の小さい球間隙のものもあるので，単純に針端間隙として放電距離から高電圧を推測することは問題がある．しかし，4 cm 厚の鉄板を透過したということから，150 kV 程度の高電圧を発生させていたことは十分考えられる．

図 3·31 は極めて硬くなった（真空度が高くなった）放電管を使用して薬莢を装填した二連銃の内部を撮影した X 線写真である．撮影距離は 15 cm，撮影時間は 12 分であった．

5) 管内の真空度調整が可能な放電管を使用していた．これは助手のツェンダー（Ludwig Zehnder）が開発したもので，レントゲンはこの頃すでに実験に使用していた．

以上のように第 3 報は実際の高電圧の発生についての諸問題と X 線写真の関係について詳細に記述したもので，X 線写真の研究者や X 線写真を応用しようとする医学者にとっては当時まさに完璧な論文であった．しかしこの論文の内容を理

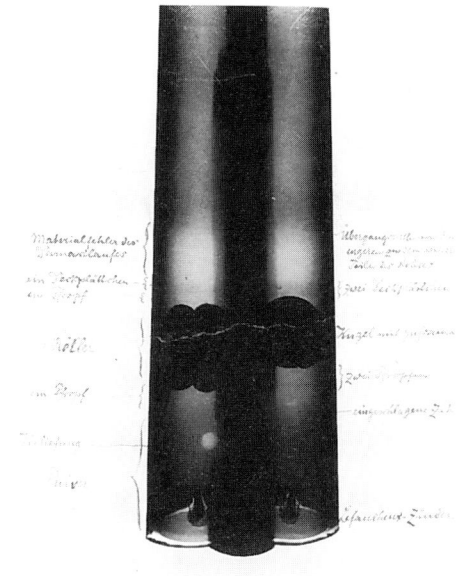

図3·31 薬莢を装填した二連銃のX線写真

解した研究者は極く僅かでしかなかった．それはこの頃発表されたおびただしい数の論文を見ると，そのほとんどが漸く X 線を発生させ，手の写真を写したというもので，基本的なことはほとんどわからず，試行錯誤の繰り返しをやっていたからである．

このようにレントゲンの X 線に関する第 1 報から第 3 報は，それまで全く未知の放射線であったにも関わらず，その内容は充実したすばらしいものであった．それはレントゲンの実験物理学者としての精度の高い，妥協しない実験結果と，その多くの蓄積から生まれた鋭い洞察力と創造性の賜であり，レントゲンの X 線発見が偶然のものではないことがよくわかる．

1900 年 4 月，ミュンヘン大学物理学教授となった．55 歳であった．

1901 年，第 1 回のノーベル物理学賞を受けた（図 3・32 第 1 回ノーベル賞授与式，12 月 10 日ストックホルム）[2]．

1919 年 10 月，ベルタ夫人死去，79 歳であった．

夫人の死去，第 1 次世界大戦のドイツの敗北（1918 年）によってレントゲンは生きる喜びを失ってしまった．レントゲンは戦争中，祖国のため自分の財産のほとんどを戦時国債に換えていたが，敗戦後のすざましいインフレーションにより，それはもはやただの紙屑に過ぎなかった．そのためその生活は，大変質素で淋しいものであった．図 3・33 は 1923 年に発行された 1 兆マルク（Hundert Milliarden 100 000 000 000 マルク）紙幣である．子供のおもちゃになった旧 1 兆マルク紙幣（図 3・34）．

1923 年 2 月 10 日，レントゲンは直腸癌で亡くなった．78 歳であった．遺体はギーセンの墓地に葬られた．図 3・35 はレントゲンの墓で，両親，ベルタ夫人と共に眠っている[12]．

―――― *Note* ――――

＊1）ヘルムホルツは医学を学び，ケーニヒスベルク（現リトアニア共和国）の生理学教授となり，1851 年には検眼鏡を発明し，さらに感覚器官，特に耳について研究した．ヘルムホルツの最も大きな業績は「エネルギー保存則」（熱力学第 1 法則 熱〜仕事）の論文で，優れた物理学者でもあった．

＊2）ローレンツは 1875 年，オランダのライデン大学を卒業後，1878 年には同大

第3章 W.C.レントゲンの生涯　69

図3・32　第1回ノーベル賞授与式（ストックホルム）²

図3・33　1923年に発行されたレントゲンの肖像の入った1兆マルクの紙幣

図3・34 1923年11月，1レンテルマルクは1兆旧マルク．旧マルクの札束で遊ぶ子供たち．

図3・35 ギーセンのレントゲンの墓．母(1880年)，父(1884年)，妻(1919年)と共に眠っている．

学の教授となり生涯その職にあった．電磁波を研究し，マクスウェルの電磁理論の欠点であった電磁波の反射，屈折の問題を理論づけ，これがローレンツの電子論となった．さらに弟子のゼーマン効果の発見により 1902 年，ゼーマンと共にノーベル物理学賞を受賞した．

*3) レントゲンは 1895 年 12 月には X 線による空気の電離現象を知っていた．J. J. トムソンは X 線発見の発表後，直ちに X 線実験を行い，電離現象を見つけたが，それは 1896 年 2 月中旬頃と考えられる．

*4) テスラ装置とはテスラが考案した共振変圧器で，誘導コイルの出力側にライデン瓶とテスラコイルを接続して共振させるとさらに高い電圧を得ることができる．このことからも，一般には 50〜60 kV と言われているが，実際には 100 kV 程度の高い電圧を使用していたものと推測される．

*5) 焦点管（Focus tube）については一般にスウィントン，ジャクソンらによって考案されたと言われているが，レントゲンはそれ以前に焦点管を使用して実験を行っており，陽極材料として原子番号の高い白金が最適であるということも述べている．

3.3 スイスへの愛着

レントゲンがスイスに住んでいたのは 5 年足らず（1866〜1870 年）で，レントゲンの生涯から見ればそれほど長い期間ではない．しかし，レントゲンにとってスイスでの 5 年間はその後の人生を決定した意味深いもので，スイスには終生深い愛着があった．

それにはいくつかの理由がある．

a) チューリッヒの工業専門学校（Eidgenossische Polytechnischen Schule）で専門教育を受け，さらに研究生として学校に残って，物理学に転向し，この時期に物理学者としての基礎を習得した．

b) 長い人生の間，レントゲンの研究を助けそして慰めてレントゲンの献身的な伴侶となったアンナ・ベルタ・ルードリッヒと知り合い結婚した．

c) 美しいチューリッヒ湖，ユトリベルクから眺められる雄大なベルナーオーバーラントのアルプスなどスイスの自然に魅せられた．

これはレントゲンが夏の休暇をほとんど毎年スイスで過ごしたということでも知ることができる．

レントゲン夫妻は休暇になるとまずチューリッヒへ行き，親しい知人，友人と会い旧交を温め，それから目的のリゾートへ向かった．

レントゲンはスイスの南東にあるエンガデンがお気に入りで，毎年夏の休暇はここで過ごした．ポントレジナの観光案内所の資料によると，レントゲンは 1873 年以来 43 回連続してポントレジナを訪れたと記されているが，これは一寸信じ難い点もある．

それは 1873 年以来とあるが，レントゲンは 1872 年に結婚し，1873 年はシュトラスブルク大学でクントの助手として赴任したばかりで，まだエンガデンで休暇を過ごせるような身分ではなかったと思われるからである．これは著者の推測であるが，シュトラスブルク大学時代はチューリッヒ近くの湖で過ごしたり，またスイス観光の発祥の地として有名なリギ山へ登ったのがこの頃であったのではないかと思われる（図 3·36）．

リギ山（1,798 m）はルツェルンの近くの風光明媚な四森州湖[*1]，ツーク湖のほぼ中央に位置する著名な展望台で，19 世紀初頭からヨーロッパの王侯貴族

図 3·36　ルツェルンから見たリギ山（1,798 m）

や著名人が訪れ，山頂からアルプスのご来光を眺める場所として有名であった．図3・37 は 19 世紀，リギ山頂に建てられた木組みの櫓（やぐら）である．

1871 年，ヨーロッパで最初の登山鉄道がフィッツナウ—リギ間で開通し（**巻頭写真 5**），さらに 1875 年にはリギ—アルト・ゴルダウ間が開通した．そしてリギ山はさらに有名になった（図3・38）．

図3・37　リギ山頂の木組みの櫓

図3・38　リギ山頂からの眺望．湖は四森州湖

レントゲン夫妻とその友人達もリギ山を登っているが，アルト・ゴルダウから訪ねていることから，リギーアルト・ゴルダウ間が開通した1875年以降ではないかと思われる．巻頭写真6はリギ山頂からの展望で，左の高峰がベルナーオーバーラントの最高峰フィンスターアールホルン（4,274 m），右の高峰が有名なユングフラウ（4,158 m）である．図3・39はフィッツナウーリギ鉄道の全線展望図である（1871年）．図3・40は開業当時の風景で屋根の上にブレーキ手が乗り，後ろの方には落石を除く係りがいた．図3・41は開業当時のリギ山頂付近の風景である．

レントゲンはまたクールの南約15 kmの所にあるレンツェルハイデも何回か訪れている．レンツェルハイデは日本ではほとんど知られていないが，古くから有名なリゾートで，レントゲンはこの付近の山々はほとんど登ったと言われている（図3・42）．

レントゲン夫妻がエンガデンを訪れるようになったのは1880年以降，すなわちギーセン大学教授になってからと思われる．

エンガデンの中心サン・モリッツ（St. Moritz）は16世紀頃から既に湯治場としての存在は知られていたが，単なる僻地の小さな温泉に過ぎなかった．サン・モリッツが観光地として知られるようになるのは19世紀中頃からで，標高が1,800 mという高地にあり，避暑地として最適であるばかりでなく，美しい

図3・39　フィッツナウーリギ鉄道の全線展望図（1871年）

図3・40 開業当時の風景で,屋根の上にブレーキ手が乗り,後ろの方には落石を除く係がいた.

図3・41 開業当時のリギ山頂付近の眺望

図3・42　クールの南にある有名なリゾート"レンツェルハイテ"（1994年撮影）

図3・43　サン・モリッツの町並みとサン・モリッツ湖（1993年撮影）

エンガデン谷の湖や，ベルニナの山々がヨーロッパの人々を魅了し，急速に発展していった．しかし19世紀中頃は，里であったインターラーケン，ルツェルンなどは既に観光地として開けていたが，四方高い山で囲まれた僻地のサン・モリッツは容易に行ける所ではなかった．当時，鉄道はクールまでしかなく，それからは馬車で南へ約80 km，標高2,300 mのユリア峠，あるいはアルブラ峠を越え5時間もかけてやってくるのはかなり富裕な人々のみであった．しかし，このような僻地には似つかわしくないような豪華なホテルが続々建てられ，ヨーロッパ各地から多くの王侯貴族がやって来た．そしてサン・モリッツの夜は着飾った紳士，淑女の社交場となり，アルプスの山奥とはとても想像できない高級リゾートと変わっていった（図3・43）．

　レントゲンはエンガデンを訪ね，そのすばらしい自然の美しさに魅了されてしまう．そしてサン・モリッツのホテルに宿泊するが，そこでの都会と変わらぬ社交場の雰囲気はアルプスの大自然の雰囲気を堪能したかったレントゲンにとってあまり好ましいものではなかったようである．

　その後はサン・モリッツから東へ5 km程の所にある静かなリゾート，ポントレジナのホテル白十字（Hotel Weisses Kreuz）を常宿とした．図3・44はベルニナ山群で，左の3本の尾根にあるのがピッツ・パリュー（3,905 m），中央高峰がピッツ・ベルニナ（4,049 m），その右がピッツ・ロゼック（3,937 m）である．

　エンガデンはドナウ支流のイン川流域をいい，マロヤ峠付近からツェルネッツ（Zernez）を境にしてその上流が上エンガデン（Ober Engaden）と呼ばれている．

　レントゲンが歩いたのはこの上エンガデンで，現在でも観光的には圧倒的に上エンガデンが脚光を浴びている．図3・45はサン・モリッツを中心とした上エンガデンである．

　レントゲンが最初，エンガデンを訪ねた時はサン・モリッツに宿泊し，この近くの山々を歩いたようである．最初に登ったのはサン・モリッツに近いピッツ・ナイル（Piz Nair, 3,057 m）である．現在ではケーブルカーがあり，チャンタレラ乗換でコルヴィリアまで15分程，ロープウェイに乗り換えて10分程で頂上に着いてしまう．当時はサン・モリッツから登って行った（図3・46）．

図3・44 ポントレジナの町とベルニナ山群.中央高峰が P. ベルニナ（4,049 m）

図3・45 上エンガデン（Ober Engaden）
左下がサン・モリッツ湖そしてシャンペール湖, シルヴァプラナ湖, シルス湖と続いている（右上）.

第3章 W.C.レントゲンの生涯　79

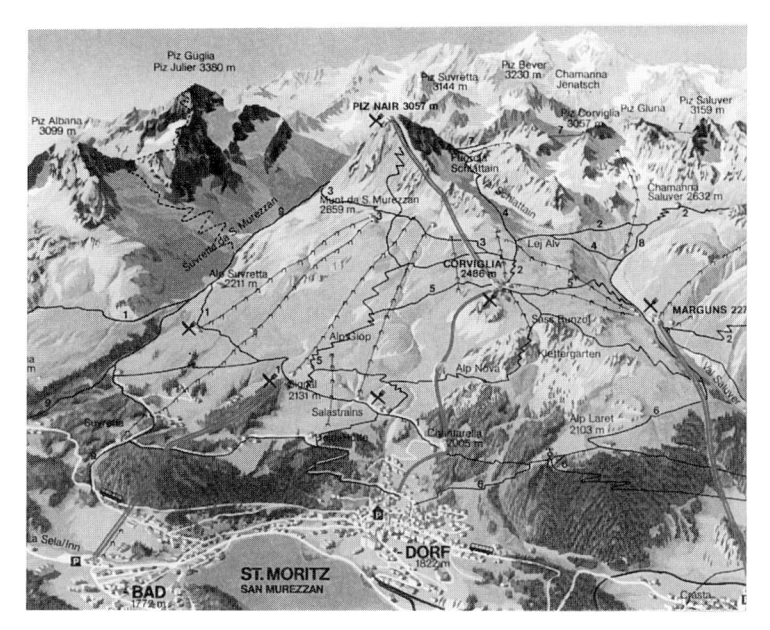

図3・46　P. ナイル（3,057 m）を中心とした山々

　健脚のレントゲンはこの後，ピッツ・ナイルの北側のピッツ・グリッシュ（3,098 m），ザス・コルヴィリア（2,486 m）を通ってサン・モリッツへ帰った．その後はさらにピッツ・ナイルの隣のこの辺では一番高いピッツ・ユリア（Piz Julier, 3,380 m），ピッツ・ポラシン（Piz Polashin, 3,013 m）なども登った．

　登山の無理なベルタ夫人や友人の夫人達は馬車でユリア峠（図3・47）へピクニックに出掛けたり，エンガデン谷の奥のマロヤ峠，シルス湖（図3・48），シルヴァプラナ湖そしてシャンペール湖などの湖畔を散策した（図3・49）．

　巻頭写真 7 はシルヴァプラナから見たピッツ・コルヴァッチ（3,305 m，右端の高峰，現在では中央岩肌が展望台になっておりロープウェイで行ける）．

　エンガデンのすばらしい風光に魅せられたレントゲンは毎年この地を訪ねることになる．これは著者の推測ではあるが，サン・モリッツに宿泊したのはレントゲンが初めてエンデガンを訪ねた時と思われる．しかしサン・モリッツの特権階級の社交場のような雰囲気を好まなかったレントゲンは翌年からサン・

図3・47 ユリア峠（2,284 m），正面の山はピッツ・ロザッチ（3,123 m），その手前にシルヴァプラナ湖がある（1993年撮影）．

図3・48 コルヴァッチ展望台（3,303 m）から眺めたシルス湖．湖の左がマロヤ峠，右端がシルス・マリア（1993年撮影）．

図3・49 コルヴァッチ展望台（3,305 m）から眺めたシルヴァプラナ湖．湖の右端はシャンペール湖．中央の沢の奥がユリア峠である（1993年撮影）．

図3・50 現在のポントレジナの町．右手に観光局がある（1994年撮影）．

モリッツの近くのポントレジナのホテルを常宿にした．**巻頭写真 8** はサン・モリッツ湖からポントレジナ方向を見たもので，正面の山はピッツ・ムラーユ（Piz Muragl, 3,157 m）である．

ポントレジナの白十字ホテル（Hotel Weisses Kreuz）は当時，中程度のホテルであった．レントゲンは一寸変わった経歴の持ち主である宿の主人エンダリン（Leonhard Enderlin）がお気に入りで，この後，第 1 次世界大戦が始まるまでの約 30 年間，夏の休暇はほとんどこのポントレジナで過ごした．宿の主人エンダリンは若い頃学校の教師で，植物学を教えていた．エンガデンには多くの高山植物があり，エンダリンは毎年ここを訪れ，白十字ホテルの常連であった．そのうち宿の娘と親しくなり，結婚した．娘の父の死後，ホテル業を引き継いだが経営は妻にまかせ，自分はもっぱら客のガイドとなり，山や草原を案内した．

レントゲン夫妻はいつも数人の友人達と一緒に過ごしていた．図 3・50 は現在のポントレジナの町で，写真の右側に町の観光局がある．

レントゲンが泊まった白十字ホテルは現在，客室としては使用されていないが，建物は残っている．それは観光局から 500 m 程下った所にあり，図 3・51 のように 2 棟残っているが，レントゲン夫妻がどちらに泊まっていたかはわからない．観光局に聞いてみたが，既に経営者が何人も変わっているので当時のことはわからないということであった．ニツスキ（Nitske）[27] によれば，夫妻が泊まっていた頃のホテルは 3 階建で 20 室あったという記述があり，これが正しいとすれば図の（下）の方の古い建物は本来 3 階建で，その後，上に増築したと考えれば（下）の方の古い建物ではなかったのかと思われる．その後このホテルの山側に 6 階建のパークホテルが完成し，夫妻もそちらに移った．図 3・52 は旧ホテル（右）と山側に新しく建てられたパークホテル（左）．図 3・53 はパークホテルの正面である．

レントゲン夫妻は毎年，夏の休暇になると何人かの友人と一緒に白十字ホテルに泊まり，エンガデンの湖やベルニナの山々を訪ねた．

手近なコースとしてポントレジナからアルプ・ラングアルトまで登り，そこからムオタス・ムラーユへ何回かハイキングに行った．現在ではアルプ・ラングアルトまでリフトで登れるし，ムオタス・ムラーユも頂上までケーブルカー

第 3 章　W.C.レントゲンの生涯　83

図 3・51　レントゲン夫妻が宿泊した白十字ホテル．（下）の建物の方が古く最初は3 階建てであったらしいところから（下）の建物ではないかと思われる（1994 年撮影）．

図3・52 古い白十字ホテル（右）とパークホテル（左）（1994年撮影）

図3・53 旧ホテルの山側に建てられたパークホテル（1900年頃建てられたと思われる）．（1994年撮影）

が通じているので楽なものであるが，当時はまだそのような便利なものは全くなかった．図3·54はポントレジナからムオタス・ムラーユまでのハイキングコースを示したもので，図3·55は途中の風景である．ベルタ夫人や山登りに自信のない友人達は馬車で登山組と合流し，湖畔で食事を楽しんだ．

　レントゲンの有能な助手で，数少ない親しい友人でもあったツェンダー（Ludwing Zehnder スイス）との出会いはこの白十字ホテルであった．

　1886年の夏の休暇のとき，ツェンダー夫妻は白十字ホテルに宿泊していた．それはツェンダーの妻の友人の父がこの宿の主人エンダリンだったからである．

　「レントゲン夫妻はそこで何人かの友人と休暇を過ごしていた．ある日，宿の主人エンダリンが放牧されているアルプスカモシカを見せるため，一寸したハイキングをして案内してくれた．その時初対面の紳士と一緒であったが，その人が，ギーセン大学物理学教授のレントゲンであった．レントゲン夫人，私の妻，そして私もチューリッヒ出身であったので直ぐに親しくなり，私共はレントゲン教授の仲間に招き入れられた」

　これはツェンダーが1934年に「レントゲンの想い出」[20]と題して発表した論評の冒頭の部分で，レントゲンのエピソードを知る上でこの論評は貴重な資料の一つである．

　これがきっかけで知り合うようになるが，レントゲンとツェンダーが深く結ばれるようになった理由はツェンダーの生い立ちにもあった．

　ツェンダーは医師の息子でギムナジュウム[*2]に在学していたが，卒業前に社会に出るように言われ，3年間機械工場に勤務する．その後チューリッヒの工業専門学校の機械科に入学，卒業する．すなわちツェンダーは，レントゲンの後輩だったのである．その後，9年間機械技術者として働きながら宇宙物理学に興味を持ち，論文も書いた．そして純粋に物理学を学ぶためベルリン大学のヘルムホルツ教授の所に入門したが，ツェンダーがギムナジュウムを卒業していないことから，ヘルムホルツはあまり積極的に指導してくれず，学位論文も通りそうになかった．この頃レントゲンと知り合ったのである．レントゲンはツェンダーの経歴がかつての自分と同じようであったことから，この後，ツェンダーの研究指導をするようになる．この時，レントゲンは41歳，ツェンダーは8歳年下の33歳であった．

レントゲンはこの休暇の後，ギーセン大学にツェンダーを助手に採用した．ツェンダーはレントゲンの指導で学位論文をまとめ，翌年には学位を取得した．図3・56 はこの頃，レントゲンによって遠隔撮影（Röntgens Aufname, mit Fernauslöser）[12] されたものである．この写真にはツェンダーが写っており，貴重な記録である．

先に述べたツェンダーの 1934 年の論評には多くのエピソードが記されているが，その一つとしてレントゲンは"熟練した登山家"（ein geübter Bergsteiger）であったと書いてある．レントゲンがアルプスに魅せられて多くの山を登ったということは既に述べたが，それらは 3,000 m 級の山々であった．ところがツェンダーの記述によれば，レントゲンはベルニナ山群の高峰，ピッツ・ベルニナ（Piz Bernina, 4,049 m），ピッツ・ロゼック（Piz Roseg, 3,937 m），ピッツ・パリュー（Piz Palü, 3,905 m），ピッツ・モルテラッチ（Piz Morteratsh, 3,751 m）など 4,000 m 級の山を登ったと書いてある．これにはツェンダーは同行していないようなので，レントゲンがこれらの山々を登ったのは 1886 年（41 歳）以前のことと思われる．

アルプスの登攀が盛んになるのは 19 世紀中頃からで，それ以前に登られたのはモンブラン，ユングフラウなど 2，3 の山のみであった．それは当時，アルプス山頂には魔物が住んでおり，人間の近づく所ではないと思われていたからである．アルプス登攀ブームのきっかけとなったのは 1854 年のヴェッターホルン（3,701 m）（図 3・57）[*3] の初登頂であった．このブームは 1865 年，エドワード・ウィンパーによる悲劇のマッターホルン（4,478 m）初登頂 [*4] まで続き，この 10 年間で 60 以上の高峰の初登頂が行われた．

レントゲンはアルプス初登頂の僅か 20 数年後にこれらの高峰に登ったのである．この頃，アルプスの 4,000 m 級の山に登る人はまだ僅かなものであったから，レントゲンは登山についても専門家並の高度な技術をもっていたことがわかる．図 3・58, 図 3・59 は東からベルニナ山群を見るディアヴォレッツァ展望台から眺めたピッツ・ベルニナ，ピッツ・パリューである．図 3・60 は丁度これの反対側の西側（ムルテル付近）から見たピッツ・ベルニナ，ピッツ・ロゼックである．

図 3・61 はクールから馬車でポントレジナへ向かうレントゲン夫妻である．

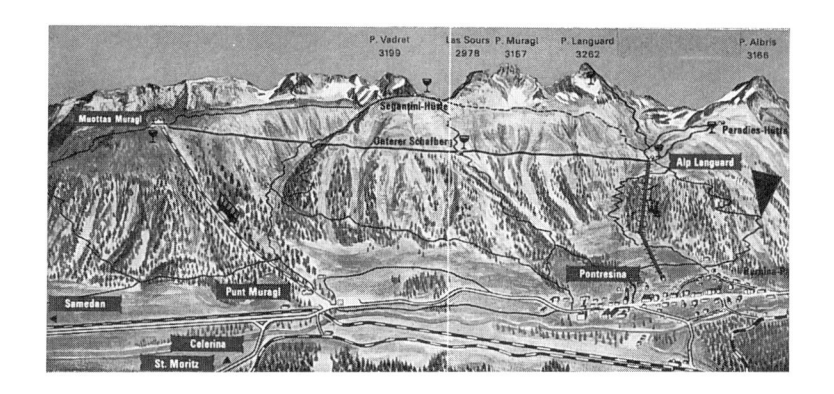

図3・54 ポントレジナからムオタスムラーユ（左上）までのハイキングコース（アルプ・ラングマルトまで現在ではリフトがある）．

図3・55 ムオタス・ムラーユへのハイキング．左の高峰は Piz Palü（3,905 m）．

図3・56 ポントレジナでの記念写真（レントゲン撮影）
左からヒッペル夫人，ヒッペル，ベアーツェンダー夫人，ハラー夫人，レントゲン，ツェンダー，ハラー男爵，レントゲン夫人，ジョセフーナ・ベルタ
レントゲンとツェンダーが知り合った頃の貴重な写真．

図3・57 ヴェッターホルン（3,701m）．クライネ・シャイデックからの眺望（1993年撮影）．

図3・58　ピッツ・ベルニナ (4,049 m)，右端はピッツ・モルテラッチ (3,751 m)
（ディアヴォレッツァ展望台より，1994年撮影）

図3・59　ピッツ・パリュー (3,905 m)（ディアヴォレッツァ展望台より，1994年撮影）

図3・60　ピッツ・ベルニナ（4,049m），ピッツ・シェルシェン（3,971m），ピッツ・ロゼック（3,937m）（ムルテル付近からの眺望）

図3・61　クールからポントレジナへ向かうレントゲン夫妻[1]

第3章　W.C.レントゲンの生涯　91

　クールからサン・モリッツまで鉄道が開通するのは1904年7月で，それまでは図3・62のような駅馬車が走っていた．馬車は郵便局の前から出発した．図3・63は開通間もないサメダン駅（サン・モリッツの2つ手前の駅）風景で，ここからポントレジナへ行く客待ちをしている馬車である．図3・64はポントレジナでのスナップで，左からヒッペル夫人，ガイド（？），ヒッペル，レントゲンである（1890年9月）．

　ロゼック谷のハイキングもレントゲン夫妻のお気に入りのコースのようであった．図3・65はロゼック谷をのんびり走る馬車である．

　晩年，レントゲンは一寸したハイキングをしばしば楽しんだ．そのコースは町はずれにある13世紀に建てられたという古い教会（図3・66）の手前にある共同墓地の右手を登って行くと標識がある．図3・67は共同墓地，奥が教会である．図3・68は共同墓地の塀で，その角にレントゲン道（Röntgen-Weg）と書いた案内板が取り付けられている．図3・69は墓地の右手の道である．図3・70は標識で，レントゲン広場まで30分，アルプ・ラングアルトまで1時間と書かれている．

　かなり急な坂道を30分以上登ると一寸した広場というか休息所がある．レントゲンはここからの雄大な眺めが好きだったようで，しばしばここに立ち寄り，フラーツ川の流れや，その谷間を走るレーテッシュ鉄道の列車を眺めたりした．この鉄道がイタリアのティラノまで開通したのは1910年であった（図3・71）．1934年，第4回の国際放射線学会がチューリッヒで開かれた折，ドイツ放射線学会によりこの広場は整備され，「W.C.レントゲンの記念として」という銘板が取り付けられた．そしてレントゲン広場（Röntgen-Platz）と名付けられたのである．図3・72（上）はその広場，（下）は記念の銘板である．

　レントゲンはさらにこの上のアルプ・ラングアルトまでよく登ったと言われている．図3・73の右側の矢印がレントゲン広場の位置である．図3・74はアルプ・ラングアルトのリフト終点にある標識で，レントゲン広場へはここから下った方が楽に行ける．著者は1993年，古い教会の前にある共同墓地に書いてある案内板を頼りに登って行ったが，当時，体調が悪かったため，途中でダウンしてしまい，涙を飲んで引き返した．翌1994年にはアルプ・ラングアルトまでリフトで上り，そこから下って漸くレントゲン広場へたどり着いた．

図3・62　ポントレジナ郵便局前から出発する駅馬車

図3・63　ポントレジナへの客引き馬車（サメダン駅，1904年7月開通）

図3・64 左からヒッペル夫人，ガイド(?)，ヒッペル，レントゲン（1890年9月10日ポントレジナにて）

図3・65 ロゼック谷を走る馬車．正面はピッツ・グルシャイント（Piz Glunschaint, 3,594 m）

図3・66　13世紀に建てられたという古い教会（1994年撮影）

図3・67　教会の前にある共同墓地（1994年撮影）

図3・68 「レントゲン道」と書かれた案内板(1994年撮影)

図3・69 この道を登って行くと標識がある(1993年撮影)

図 3·70 「レントゲン広場まで 30 分」と書かれた標識（1993 年撮影）

図 3·71 ベルニナ線を走る電車（サン・モリッツ—チラノ間）1925 年頃．中央の山がピッツ・ベルニナ

図3・72 レントゲン広場と「W. C. Röntgen を記念して」と書かれた銘板
（1994 年撮影）

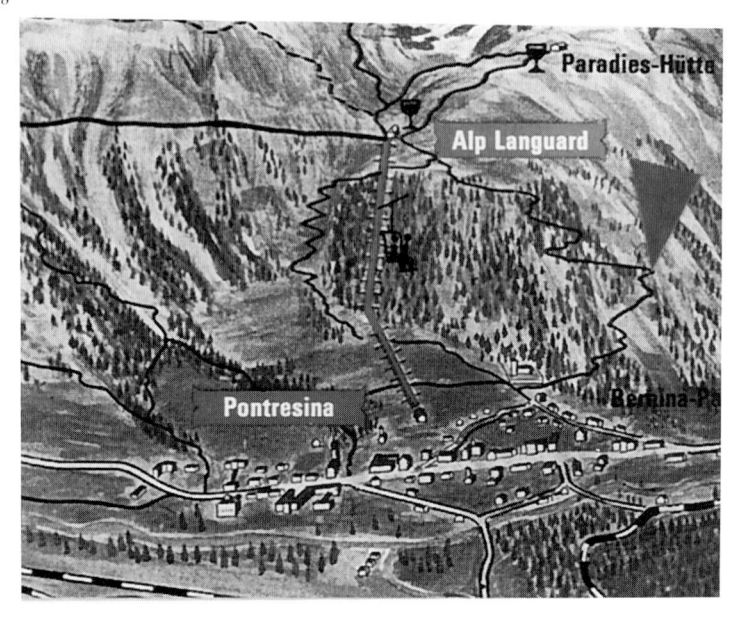

図3・73　レントゲン広場の位置（矢印）．さらに登るとリフトの終点アルプ・ラングアルトである．

図3・74　アルプ・ラングアルトにある標識．レントゲンプラッツまで下り道30分で行ける．（1994年撮影）

図3・75　想い出深いポントレジナへやってきたレントゲン（1922年）

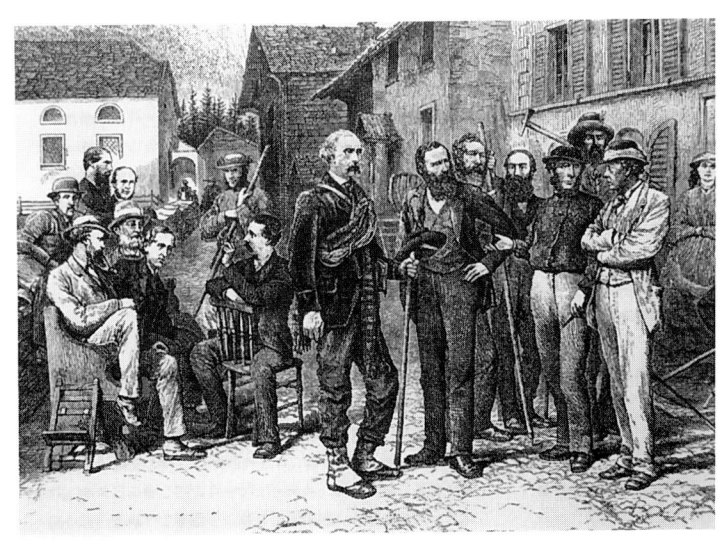

図3・76　1864年，ツェルマットの英国山岳隊（中央は初代英国山岳会会長，創立メンバー）

レントゲンのエンガデンへの旅は第1次世界大戦が始まる前の1913年頃まで続いたようである．

レントゲンは1919年，夫人の死去，第1次世界大戦のドイツの敗北，さらに敗戦後のすさまじいインフレーションなどのため生活は逼迫し，生きる喜びを失ってしまった．スイス・バーゼルの友人はレントゲンの絶望感を少しでも慰めようとエンガデンに招いた．最初，固辞したレントゲンも友人の熱心な誘いに応じ，想い出深いポントレジナへやってきた．図3・75は1922年，ポントレジナにおける最後の写真である．夫人や友人達とのんびり馬車で走ったロゼックの谷，シルス湖，シルヴァプラナ湖，そしてその上に聳えるピッツ・ユリア，ピッツ・ナイルなど懐かしい風景は，レントゲンにとって正に感慨無量であったと思われる．巻頭写真9はレントゲンが最後まで忘れえなかったエンガデンの谷（右），ベルニナの谷（左）とロゼックの谷（中央）である．

────── *Note* ──────

* 1) 四森州湖（Vierwald・stätter see）．ルツェルンの東にある湖でシュヴィーツ，ウーリー，ウンターヴァーデンそれにルツェルンの4つの州にまたがる湖で，前者の3州が1291年スイス誓約同盟を結び，独立を宣言した．その後ルツェルン州も加盟した．シラーの戯曲やロッシーニのウィリアム・テルは有名であるが史実ではない．しかしアルトドルフにはテル親子の銅像があり，テルが生まれたビュルグレンにはテル博物館がある．湖の東にはテルの礼拝堂まである．
* 2) ドイツ語圏の9年制の進学コースで，小学校4年次に普通コースと進学コースに分かれる．この高等学校を卒業しないと大学入学資格が得られない．
* 3) ベルナーオーバーラントの山々の一つで，アイガーの北東約10kmの所にある．この山の登頂がきっかけとなり，アルプスの山々はほとんどイギリスの登山隊によって登攀された．（図3・76）
* 4) 1865年7月13日，エドワード・ウィンパー（英）一行7名は2日前に出発したイタリア隊（西側登攀）を抜いて，8回目にして北東側からの登攀に成功する．しかし帰路で隊員の一人が足を滑らせ，ザイルが途中で切れ，4名が墜落死するという悲劇になった．

第4章

発見の反響

4.1 最初の新聞報道[28]

　X線の発見を最初に報道したのはドイツ国内の新聞ではなく，オーストリア，ウィーンのディー プレッセ（Die Presse）紙で，1896年1月5日付の新聞に発表され，大スクープとなった．この記事が要約されてロンドンに伝えられ，これがX線発見の第1報として世界各国に報道されたのである[28]．

　レントゲンは1895年12月28日付で「放射線の一新種について」と題して発見の論文をヴュルツブルク物理・医学会に提出した．口頭による発表は年末のため行われなかったが，論文の内容が重大な発見であったため直ちに印刷され，翌年1月1日には別刷が刷り上がり，レントゲンは論文と夫人の手，羅針盤などのX線写真のプリントを同封し，何人かの友人，知人の物理学者に送った．

　1月5日に発表されたウィーンのディー プレッセ紙の記事の根拠は，ウィーン大学の物理学教授エクゼナー（Franz Exner）に送られた論文をもとにしたものであった．

　しかし，この発見の報はその1日前の1月4日にもっと劇的に発表されてもよかったのである．

　1896年1月4日，ベルリンではベルリン物理学会創立50年祭が盛大に行われ，ドイツの著名な物理学者が大勢集まっていた．当日の出席者は約150名で，4日午後5時，ベルリン大学物理実験場大講堂において式典は行われた．この会合にレントゲンは出席していない．それは続く第2報のX線の研究で多忙で

あったからと思われる.

　この日，ベルリン大学物理学教授ヴァーブルク（Warburg）は，レントゲンから送られてきたばかりの大発見の論文とX線写真のコピーを大学の研究室に持参し，研究員に見せた．信じられないような大発見に研究室は大議論となった．ヴァーブルクは，この大発見の論文を式典で発表すべきかどうか，記念祭の幹事に相談した．論文を見た主催者は，その内容があまりにもショッキングなため半信半疑で，発表することにより会場が混乱し，式典の進行に差し支えるのではないかということから，レントゲンの大発見については学会長にも話をしなかった．このため，学会長の挨拶の中には全く触れられていなかった．次いでこの後，ヴァーブルクはヘルツ波の波動実験に関する講演を行ったが，この時もレントゲンの発見に関しては一言も言及しなかった．そして，その他の行事の後，場内に物理学機械の展示会が開かれ，新しい装置が陳列されていた．そしてその会場の片隅にレントゲンの論文とX線写真のコピーが展示されていたのである[29]．

　このことは，当時ベルリン大学に留学し，ヴァーブルクの研究室で磁気に関する研究を行っていた長岡半太郎がこの50年祭にも出席し，日本に報告しているが，その中でX線の発見についても触れている．

　　　　　　　　（前略）
　　次に場内に物理学機械展示会を設け専ら新規なる器械を陳列し
　　たり．最も珍しきはレントゲンが発見したるX放散線を利用し，
　　撮影したる指の写真なり[30]．
　　　　　　　　（後略）

　長岡は「伯林物理学会50年祭報告」とは別に「レントゲン氏エキス（X）放散線」と題してレントゲンの大発見の概要を書いて送っている[31]．

　レントゲンの論文と写真は，会場の片隅に展示はしてあったものの，主催者側は何の紹介もしなかったので，ほとんどの人はこの論文に気づかなかったという．長岡は，ヴァーブルクが論文を研究員に見せた時点で知っていたのではないかと思われる.

記念式典は予定通り終わり，その後，ホテル ライヒスホーフでパーティーが催された．長岡によれば「杯をあげてプロージェットと祝し，相互研究の状況を談話あるいは論議し，互いに手を握りて相別れたるは五日零時半なりき」とあるように，晩餐会においてもヴァーブルクは発見の報については全く語らなかった．

しかし，この数日後，発見の報が新聞に発表され，世界中がこのX線を話題にした頃，ベルリン物理学会会報には50年祭の報告が印刷され，学会長祝辞の脚注には偉大な発見がなされていたにも関わらず，これを紹介しなかった非礼を詫び，この発見の重要性を強調して50年祭の時の不手際の埋め合わせをしたのである．

1月4日のベルリン物理学会50年祭において，もしヴァーブルクがレントゲンより送られた論文，X線写真のプリントなどを参会者に紹介したとすれば，この50年祭はもっと記念すべき日になったと思われるが残念なことであった．

ヴァーブルクはレントゲンの論文を読み，十分理解したものと思われるが，しかし頭の中のどこかにこんなことがこの世に有り得るのだろうかという考えがまだあり，自信をもって公表することができなかったものと思われる．

そのため翌1月5日に発表されたディー プレッセ紙の記事は大スクープとなった．

レントゲンの論文はウィーン大学の物理学教授エクゼナー（F. Exner）にも送られていた．エクゼナーはレントゲンとはチューリッヒ，シュトラスブルク時代にクントの助手として同僚で，長い親交があった．ウィーンでは物理学者のグループがあり，定期的な会合をもっていた．

1月4日（土）の晩，ウィーンの例会においてエクゼナーはレントゲンから送られてきた驚くべき大発見の論文とその写真を紹介した．図4・1はレントゲンが論文に同封して送ったX線写真のプリントである．この晩集まったメンバーは当然のことながらこの新しい大発見に大変な関心を示し，この放射線の基本的な特性と将来の発展の可能性について論議が深更まで続いた．このメンバーの中に当時プラーグ（プラハ）の大学の物理学教授であったレーヘル（Ernst Lecher）もいた．レーヘルはウィーンの出身であったので例会の度にウィーンに帰っていた．例会が終わった後，レーヘルはエクゼナーから論文とX線写真

のプリントを借り受け，その頃ディープレッセの編集長であった父のZ. K. レーヘルのもとに真夜中走ったのである．父レーヘルは息子の説明を聞き，そこで発見の概要を書かせた．そして1896年1月5日（日），世紀の大発見はディープレッセによって発表されたのである．レーヘルは5日の朝刊を見て驚いた．それは自分が書いた概要とは比較にならない程の詳細な記事で第一面のトップが埋められていたからである．父レーヘルは息子の解説を基に将来の発展の可能性を推測し，数時間で論説を書き上げ，朝刊に間に合わせたのである．図4・2はディープレッセの記事である．

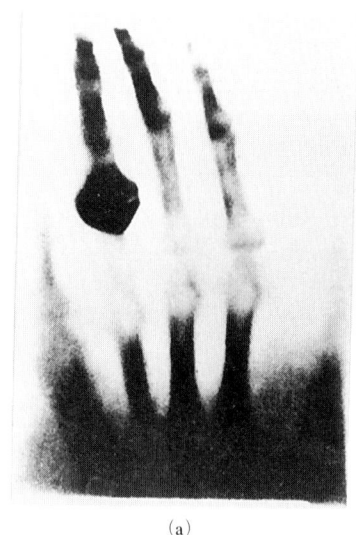

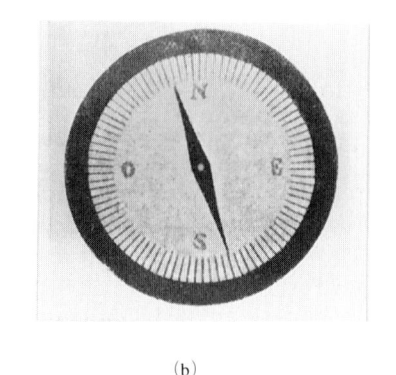

図4・1 レントゲンが論文に同封して送ったX線写真
(a) レントゲン夫人の手 (b) 金属ケースの中に入れられた羅針盤 (c) 木箱の中の分銅

図 4・2　X 線の発見を最初に報道したウィーンの "Die Presse" の記事

この記事は今日の我々が読む限り極く当たり前のことかもしれない．しかしこの記事が書かれた当時，不透明な物体が透けて見えるということは空想の世界でしか通用しない時代であり，また論文，X 線写真も入手したばかりで，この発見についての論評は未だ全く発表されていない時点で書かれたものであるということを考えれば，これを数時間でまとめた父レーヘルの見識は高く評価されるものと思われる．

ディープレッセに掲載された記事は次のようなものであった[29]．

この時，Röntgen の名前は Routgen と誤綴りされたため，しばらくの間ルートゲンと呼ばれることになる．

センセーショナルな発見
1986 年 1 月 5 日（日）

ウィーンの科学者のグループにおいて，目下ヴュルツブルクのルートゲン教授が成し遂げたという大発見についての報告が，大変なセンセーションを起こしている．

この報告が実証され，根拠のあるものとして証明されるならば，この方法による正確な研究の画期的な成果は物理学，医学の分野にとって大変注目すべき結果をもたらすであろう．我々はこれについて次のように聞いている．

ルートゲン教授は誘導電流が流れる高度に排気されたガラス管（クルックス管）を用いた．そしてこの放電管が外部へ放射する放射線によって，通常の写真乾板で撮影した．

今まで存在が予想されなかったこの放射線は目に対しては完全に不可視であるが，普通の光とは反対に木材，生体組織などの不透明な物体を透過する．それに対して金属や骨はこの放射線を通さない．

密閉したままのカセットを用いて明るい日光のところでも撮影することができる．つまりこの光線は通常の進路を通り，そして光に感光する乾板を覆っているカセットの木製の蓋をも透過する．もしそうでなければ撮影するためには蓋を取り除かなければ

ならない．

　この放射線は撮影する物体の前にある木箱もまた透過する．ルートゲン教授は例えば分銅が収めてある木箱の蓋を開けることなしに，それぞれの分銅を撮影した（図4・1-c）．

　撮影された写真では木製のカセットは写らず，金属の錘だけが写っている．同じく木製のケースに収納されている金属物質はケースを開けることなしに撮影することができる．

　クルックス管から放射されるこの新しく発見された放射線は，通常の光がガラスを通すように木や人体の軟部組織を透過するのである．驚くべきことは前述の写真撮影の過程によって得られた人間の手の写真である（図4・1-a）．この写真には手の骨が写っており，指輪は指から浮いているかのように見え，手の軟部組織は写っていない．

　このセンセーショナルな発見の資料はウィーンの学者グループに供覧されたが，そこで彼らは当然のことながら思わず驚嘆の声を上げた．

　我々が今まで知りえた不十分な報告だけでは，ヴュルツブルクの学者の発見はお伽話か大胆な四月馬鹿に聞こえる．しかし我々はこの発見が見識ある学者によって得られた重大な事実であることを再度はっきり力説する．

　それは研究所において多分，近いうちに詳細に試験され，さらに一歩進んだ発展がもたらされるだろう．

　物理学者は今後，この未知の光線について研究を行うであろう．

　それらは可視光に対して不透明である物体を透過する．そしてクルックス管から出てくる光線は，太陽光がガラス片を通すのと全く同様に物体を透過する．

　写真の特殊な分野における専門家は近いうちに身体の全ての部位についてこの発見を広げ，実験を試み，そしてこの技術を完成させ，臨床的に利用するであろう．この臨床応用については生物学者や医学者，とくに外科医には大変興味を持たせるものである．

何故なら，この光線を用いることによって新たな大いに価値ある診断法の見通しがついたように思われるからである．

このセンセーショナルな発見によりジュール・ベルヌ（Jules Verne）[1]の言う幻想的な未来への瞑想を否定することは難しいことになった．

このような確固とした言明をここで聞いた人々によって未来の幻想が生き生きともたらされる．それは水晶のような鏡用ガラスを通す明るい太陽光のように，遮へい板や生体軟部組織を通す新しい光を搬送するものが見つけられたということである．

この発見に関する新しい写真の証明資料が，きびしい批判者の目に今まで通りの普通の写真と同じであると映ったとすれば，その疑いはあきらめなくてはならない．

さらに発展するためには，軟部組織は写らず，しかし骨の正確な像のみが現れるという新しい写真の技術により人間の手を撮影することのみならず，他の部位についても撮影することが，純粋な技術的進歩によって成功するならば，骨の転移や疾患の診断についてどのような重要性を持っているかがとりあえず証明されるだろう．

医師は，患者にとって痛みを伴う複雑骨折を，触診することなしに極めて正確に知ることができる．外科医は，小銃弾や砲弾の破片などの体内異物の位置について今までより大変簡単に，そして痛みを伴うゾンデ（探り棒）での診断なしで知ることができる．

外傷性の原因によらない骨の疾患に関しては，写真の作成が成功するならば，そのような診断にとっても価値の高い検査法となる．

そして幻想をさらにおもむくままにし，クルックス管から出てくる放射線の働きで写真撮影の新しい方法を完成させることと，人体の軟部組織の部分の上に像を作る（これが現在の造影剤撮影に発展した）ということが成功するならば，骨以外の無数の病気の診断にとって計り知れない検査法が得られる．

今こそ開かれた道の上にそのような業績，進歩が最初の前提を真実とすれば，すべての可能性の領域内に現れるだろう．これらはすべてが大胆な将来の幻想であることを認める．しかし今世紀の初めに「孫の代には発射された弾丸の正確な像が得られ（高速度撮影），そして電気装置の働きによって大西洋を越えて交信できる（無線通信）」ということを誰か言った人があるならば，その人は精神病院に送られる疑いにさらされたであろう．ヴュルツブルクの学者のどのような今後の研究方針によってこのセンセーショナルな発見が新しい形の観点を開くことができるか，その概略について考えてみたかったのである．

　以上がX線発見の最初の新聞報道であるが，最初の紹介にも関わらず，その内容は当時としては大変充実したものであった．
　前半は今まで未知であった不透明な物体を透過する新しい放射線の発生機構，写真撮影法などを正しく伝えている．この項は息子のレーヘルが書いたものと思われる．この後，おびただしい数の論評や解説が発表されるが，誤ったもの，根拠のないものがほとんどであった．
　それに対してディー プレッセの記事はレントゲンの論文を読み，そのX線写真まで実際に見た物理学者であったE. レーヘルの考察を根拠にしているので正しい評価ができたのである．
　また骨だけが写るという生きた人間の写真が撮影されたことから，異物の検出，骨折の診断などの医学への応用は誰もが直ぐに考えつくことであるが，この論説が当時では一寸考えられない医学面への未来展望まで記述していることは驚きである．
　それはまず，撮影できる部位は手だけでなく全身の撮影が可能となり，写真の特殊な分野の専門家たちは近いうちに身体のすべての部位について実験を試みこれを成し遂げ，臨床に利用できるようにするであろうと言っており，将来の放射線技師の存在さえも予言しているようにも感じられる．そして骨折や異物の検出だけでなく，外傷性によらない骨の疾患の診断も可能になるだろうと言い，さらに驚くことは撮影技術の向上により骨以外のあらゆる疾患の診断も

可能になるだろうと言っていることである．これは手の指の写真が初めて撮られたばかりの時点でここまで推論するということは，大変な洞察力がなくては書けないことである．

この1月5日のディー プレッセの発表はオーストリアの人々にしか知られなかったが，この記事を読んだデイリー クロニクル（Daily Chronicle）紙のウィーン特派員はディー プレッセの記事を要約して直ちにロンドンへ打電した．翌1月6日，同紙は「注目すべき科学上の大発見」と題して発見の記事を掲載した（図4・3）[32]．

注目すべき科学上の発見
わが社の特派員より
イギリスにおける最初の報告
デイリー クロニクル1896年1月6日

　もしこの報告が確認されれば，物理学や医学に重要な影響をもたらすであろう驚くべき発見が当地の科学界で話題になっている．

　新しい光の一種が，有名なヴュルツブルクのルートゲン教授によって発見された．

　これまでのところでは，教授の実験の結果は骨や金属は透過しないが，人間や動物の軟部組織や木を透過する光が発見されたことにある．教授は，木の箱の中に収められた金属の錘を写真撮影することに成功した．ウィーンに送られた写真は錘だけが写っており，ケースは写っていなかった．もう一つの人間の手の写真は骨だけが写っており，一方，軟部組織は見えないままである．

　ルートゲン教授の実験は次のような方法で導かれた．教授はいわゆるクルックス管，すなわち良く排気されたガラス管を使用し，そして管が放射する光によって教授は普通の写真乾板で撮影した．

　普通の光とは対照的に，この放射線は普通の光がガラスを透過

するのと同じように木や有機物質や他の不透明な物質を透過する.

実験はまた閉じられた箱の中に隠された金属の写真を撮影することも行われた．放射線は金属を収めてある木の箱だけでなく，乾板の前に置かれたカバーをも透過した.

当地の科学界はその発見により大変興奮させられている．それは多くの学問の分野に関し，深く影響する重要性があるものと信じている．すでに現在の段階において，それは外科医に関して，とりわけ手足の複雑な骨折や，負傷者の弾丸の探索などすぐれた手段となるであろう.

その写真は骨折の正確な画像や弾丸の状態を示すだけでなく，音による触診の大きな痛みの患者を助けるであろう.

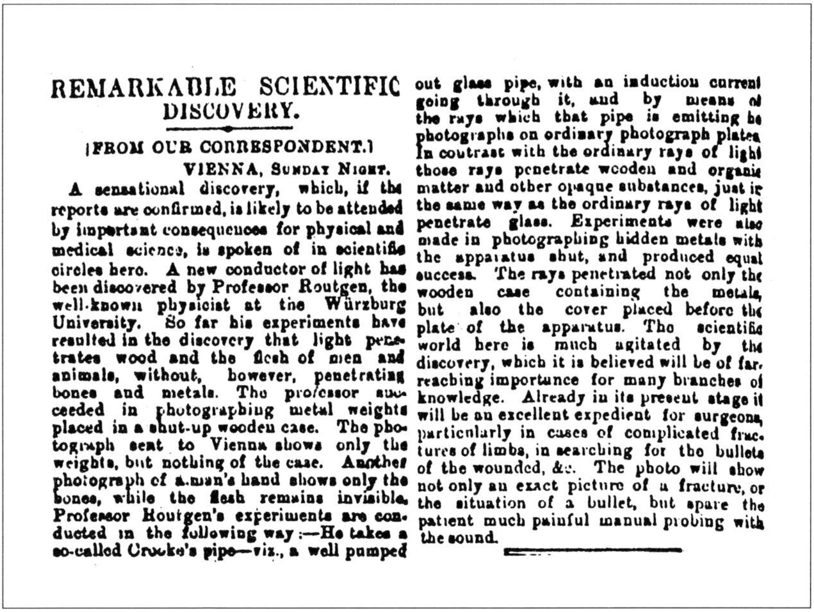

REMARKABLE SCIENTIFIC DISCOVERY.

(FROM OUR CORRESPONDENT.)

VIENNA, SUNDAY NIGHT.

A sensational discovery, which, if the reports are confirmed, is likely to be attended by important consequences for physical and medical science, is spoken of in scientific circles here. A new conductor of light has been discovered by Professor Routgen, the well-known physicist at the Würzburg University. So far his experiments have resulted in the discovery that light penetrates wood and the flesh of men and animals, without, however, penetrating bones and metals. The professor succeeded in photographing metal weights placed in a shut-up wooden case. The photograph sent to Vienna shows only the weights, but nothing of the case. Another photograph of a man's hand shows only the bones, while the flesh remains invisible. Professor Routgen's experiments are conducted in the following way:—He takes a so-called Crooke's pipe—viz., a well pumped out glass pipe, with an induction current going through it, and by means of the rays which that pipe is emitting he photographs on ordinary photograph plates. In coutrast with the ordinary rays of light those rays penetrate wooden and organic matter and other opaque substances, just in the same way as the ordinary rays of light penetrate glass. Experiments were also made in photographing hidden metals with the apparatus shut, and produced equal success. The rays penetrated not only the wooden case containing the metals, but also the cover placed before the plate of the apparatus. The scientific world here is much agitated by the discovery, which it is believed will be of far-reaching importance for many branches of knowledge. Already in its present stage it will be an excellent expedient for surgeons, particularly in cases of complicated fractures of limbs, in searching for the bullets of the wounded, &c. The photo will show not only an exact picture of a fracture, or the situation of a bullet, but spare the patient much painful manual probing with the sound.

図4·3　イギリスで最初に報道されたデイリー クロニクル（Daily Chronicle）の記事（1896年1月6日）この記事がロンドンから世界各国に報道された.

このニュースはその日のうちにロンドンからヨーロッパ各国, アメリカ, カナダそして南米諸国, さらにシンガポール経由でオーストラリアにまで打電され, 発見の報は数日の内にほとんど全世界に伝えられることになる.

ドイツでは1月7日, フランクフルト新聞(Frankfurter Zeitung)がディー プレッセの記事を入手し, 一部を省略して発表した. これを受けてベルリンの新聞が発見を報じたのは翌8日, そして地元のヴュルツブルガー ゲネラルアンツアイガー紙(Wurzburger Generalanzeiger)が発表したのは9日であった[11].

一方, ウィーンからロンドンに伝えられた情報はディー プレッセの1/3程度に要約された電文で, これが第1報として全世界に伝えられた全てであった. その後の詳報もヴュルツブルクからは伝えられなかったため, 当初の情報はもっぱらウィーンからのみ伝えられたのであった.

以上がX線発見の新聞報道の経緯であるが, これにはもう少し後日談がある.

既に述べたようにウィーンからの最初の報道はX線発見の初期の反響を知る上で大きな意味をもっているので, 著者は以前からこの記事を探していた. しかし, この記事の全文を掲載した文献はなかなか見当たらず, 入手することができなかった.

レントゲンの歴史について最も詳しいと言われるO. グラッサー(Otto Glasser 米)の著書[3]を見ても, 初版(1931年)では一部の要約, 第2版(1959年)ではかなり詳しく書かれているが, これはディー プレッセの2日後に発表されたフランクフルト ツァイティング紙の記事で, ディー プレッセの記事を一部省略して転載したものであった.

E. レーヘル(E. Lecher)[32]はディー プレッセが最初の報道となった経緯については詳しく述べているが, 記事の内容についてはほとんど述べていない.

E. ポスナー(E. Posner)[33]の論評にはディー プレッセと第2報となったロンドンのデイリー クロニクル(Daily Chronicle)の記事が掲載されており, クロニクルの方は判読できたが, ディー プレッセの方は文字が小さく判読不能であった. このようなことから, この資料の入手は直接ウィーンのディー プレッセ社に依頼するしかないと考えていた.

それが全く偶然にある学会で, 開館50周年(1982年)で改装されたドイツ レントゲン博物館が紹介され, その中にディー プレッセの記事のスライドがあ

第4章　発見の反響　113

ったのである[29]．早速，発表者にそのスライドの出典をお聞きしたところ，この記事[30]はドイツ レントゲン博物館の手引き書（Leitfaden zum Deutschen Röntgen-Museum）にあるということが判った．そこで，元館長のシュトレーラ（Streller）氏に手引き書の送付のお願いと，この記事の出典について問い合わせたところ，これは「ウィーンにおける初期の放射線医学」（Die Anfänge der Röntgenologie in Wien. 1962[28]）と題したエルレガストの論評で，これより引用されたことがわかった．5 年間探し求めた資料が，何と当時，著者が在職していた大学の図書館にあったのである．

　その内容は既に述べたとおりであるが，何回かこの印刷を見ているうちに一寸怪(お)かしなことに気づいたのである．それはまず左の段をよく見ると全体の 1/3, 2/3 程の所に行間が少し空いている箇所があり，そこに薄いが明らかに線が認められる．中央の段では上から 9 行目と 10 行目の間にも明らかに線が認められ，左と中央の段の間，そして中央と右の段の間にも縦の線がはっきり認められる．しかし 1 枚の新聞でこのような跡が着くことは一寸考えられない．これはどうやら別の場所に書かれた記事を切り抜いてトップに張り付けたのではないかと思うようになったのである．しかし明らかな根拠がある訳ではないので，このことは極く親しい友人，知人のみしか話さなかった．この当時（1987 年頃），著者はウィーンへ行く機会があったので直接ディー プレッセ社へ行き，1896 年 1 月 5 日付の新聞のコピーをもらって来るしかないと考えていた．しかし，なかなかディー プレッセ社まで行く機会がなく，また著者自身，最初の発見の報道はトップを飾って欲しいと言う気持ちもあって，このことについては，これ以上の詮索はしなかった．しかし，この資料の数年前に入手したポスナーの論評に掲載されていたディー プレッセの記事を見直して愕然とした．それはポスナーの 1 月 5 日付のディー プレッセの記事の見出しは「センセーショナルな発見」で同じであるが，行の並び方がかなり異なり，よく見るとエルレガスト[28]のものよりもっと張り付けがお粗末であった．したがってポスナーが入手した記事はエルレガスト以外の人物がトップ記事に仕立てたようで，このことから残念ながらディー プレッセの記事は第一面トップを飾った記事ではないことだけは明らかとなった．図 4・4 はポスナーの論評に掲載されていた発見の記事で[33]，図 4・2 と並べて見ると文字の配列が違うことが判る．

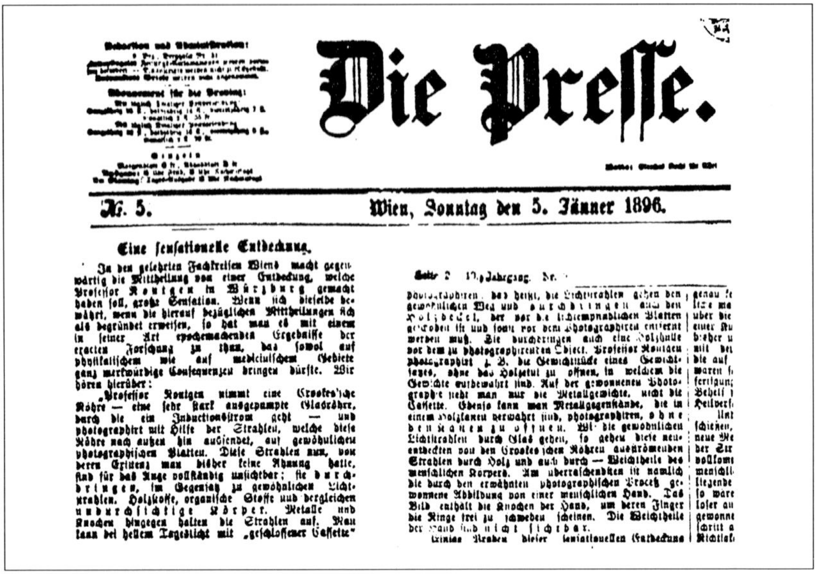

Die Presse.

№ 5. Wien, Sonntag den 5. Jänner 1896.

Eine sensationelle Entdeckung.

In den gelehrten Fachkreisen Wiens macht gegenwärtig die Mittheilung von einer Entdeckung, welche Professor Röntgen in Würzburg gemacht haben soll, große Sensation. Wenn sich dieselbe bewährt, wenn die hierauf bezüglichen Mittheilungen sich als begründet erweisen, so hat man es mit einem in seiner Art epochemachenden Ergebnisse der exacten Forschung zu thun, das sowol auf physikalischem wie auf medicinischem Gebiete ganz merkwürdige Consequenzen bringen dürfte. Wir hören hierüber:

„Professor Röntgen nimmt eine Crookes'sche Röhre — eine sehr stark ausgepumpte Glasröhre, durch die ein Inductionsstrom geht — und photographirt mit Hilfe der Strahlen, welche diese Röhre nach außen hin aussendet, auf gewöhnlichen photographischen Platten. Diese Strahlen nun, von deren Existenz man bisher keine Ahnung hatte, sind für das Auge vollständig unsichtbar; sie durchdringen, im Gegensatz zu gewöhnlichen Lichtstrahlen, Holzstoffe, organische Stoffe und dergleichen undurchsichtige Körper. Metalle und Knochen hingegen halten die Strahlen auf. Man kann bei hellem Tageslicht mit „geschlossener Cassette"

Seite 2 ... Jahrgang. Nr. ...

photographiren, das heißt, die Lichtstrahlen gehen den gewöhnlichen Weg und durchdringen auch den Holzdeckel, der vor die lichtempfindlichen Platten geschoben ist und sonst vor dem Photographiren entfernt werden muß. Sie durchdringen auch eine Holzhülle vor dem zu photographirenden Object. Professor Röntgen photographirt z. B. die Gewichtstücke eines Gewichtsatzes, ohne das Holzetui zu öffnen, in welchem die Gewichte aufbewahrt sind. Auf der gewonnenen Photographie sieht man nur die Metallgewichte, nicht die Cassette. Ebenso kann man Metallgegenstände, die in einem Holzkasten verwahrt sind, photographiren, ohne den Kasten zu öffnen. Wie die gewöhnlichen Lichtstrahlen durch Glas gehen, so gehen diese neuentdeckten von den Crookes'schen Röhren ausströmenden Strahlen durch Holz und auch durch — Weichtheile des menschlichen Körpers. Am überraschendsten ist nämlich die durch den erwähnten photographischen Proceß gewonnene Abbildung von einer menschlichen Hand. Das Bild enthält die Knochen der Hand, um deren Finger die Ringe frei zu schweben scheinen. Die Weichtheile der Hand sind nicht sichtbar.

Einige Arabeu dieser sensationellen Entdeckung

図4･4　ポスナーの論評に掲載されている“Die Presse”の記事．図 4･2 と対比すると活字の配列が違っている．

数年後，著者の友人がウィーンを訪ねた．その友人は以前，著者が話したディー プレッセの記事の件を思い出し，ウィーンの国立図書館へ行って 100 年前の 1895 年 1 月 5 日付のディー プレッセの新聞を探し出し，調べてくれたのである．結果は残念ながら著者が予想していた通りであった．図 4･5 は著者の友人が調べたくれた新聞のコピーで [34]，第一面のトップは「1 月 4 日のウィーン」というタイトルの社説がほとんどを占めており，発見の記事の大半は二面に書かれてあったのである．このように，残念ながらディー プレッセの記事（図 4･2）の第一面のトップに書かれてあったというのは誤りであることが証明されたのである．

これは著者の推測であるが，編集長の父レーヘルにすれば発見の記事は当然一面トップにもっていきたかったと思われるが，レーヘルが父の所へ発見の報を持ち込んだのは 4 日の深夜で，この時間には既に朝刊のトップの論説は組み上がっていたと考えられる．それで止むなく，社説の後に入れたのではないかと思っている．

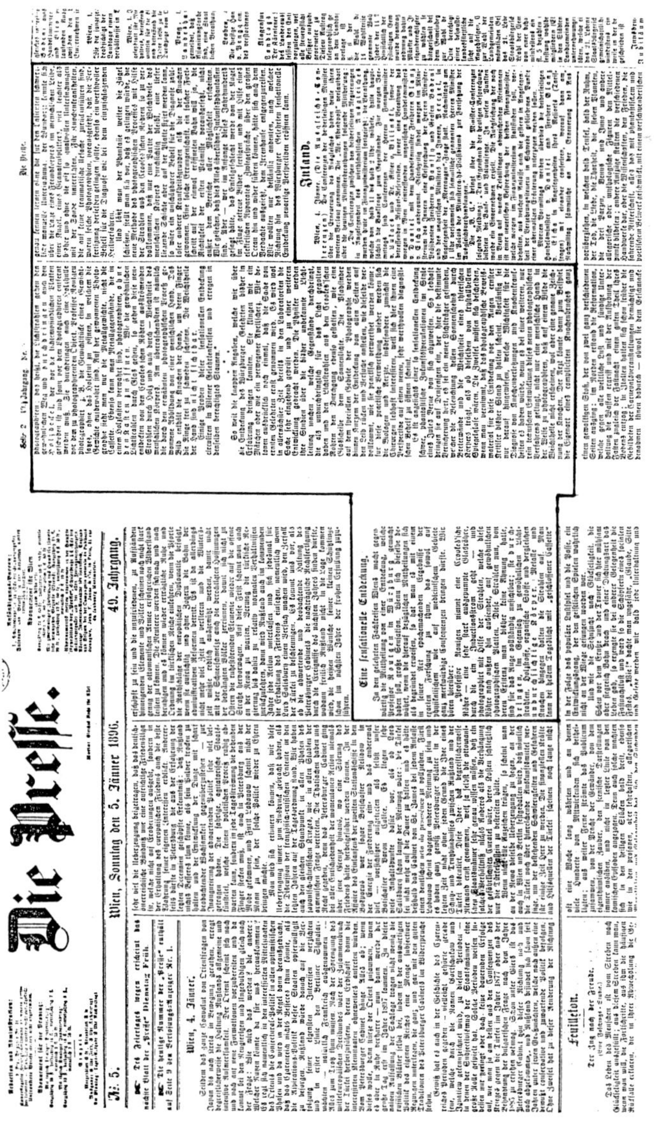

第 4 章　発見の反響　115

図 4・5　"Die Presse" の 1896 年 1 月 5 日付のオリジナル
実際の記事は太線の枠内に書かれていた。

エルレガストの論評にしてもポスナーのそれにしても内容を改ざんしたわけではないので取り立てて言う程のことはないが，どうせ入れ替えるならもっと綺麗に仕上げ，後世の誰が見ても図4・2のエルレガストの論評が第一面のトップ記事であると疑いをもたないようにやってほしかったと思っている．

　X線発見の報がデイリー クロニクルにより世界各国に伝えられると，ヴュルツブルクの研究所には新聞記者が取材に殺到した．しかしレントゲンは大変不機嫌で「私は研究で多忙です．話をすることは何もありません．」と記者会見を断った．そのため多くの記者は何も取材できず，すごすごと引き上げるしかなかった．

　しかしその中に1回だけ例外がある．それはマックルアーズ マガジン（McClure's Magazine）という雑誌のダム（H. J. W. Dam）という記者がレントゲンと単独インタビューを行い，1896年4月号にその記事を発表したのである[35]．ダムがレントゲンの取材に行った時期は定かではないが，1月下旬と思われる．科学には素人の記者のインタビューなので，内容としては特に新しいことが書かれているわけではない．しかし，この資料が大変貴重なものであるという理由として，現存している唯一のレントゲンとの取材記録であることと，X線の発見が1895年11月8日であるという記載が明記されていることである．レントゲン自身が，X線の発見の日時を記した資料は，著者の知る限りでは現存していないと思われる．このインタビューの中にはダムとの会話の形で書かれている．

　図4・6は「写真術の新しい驚嘆」と題したレントゲンとのインタビュー記事の冒頭の部分である．このコピーは著者が1980年頃に入手したものであるが，これの入手には苦労した想い出がある．当時，在職していた大学の図書館で各大学の図書を調べたが，国内の大学にはこの雑誌（1800年代）は遂に見当たらなかった．やむなくイギリスのBLLD（British Lending Library Division）に依頼したところ，さすが大英図書館，早速送ってくれた．しかしコピーが不鮮明で，活字は何とか読めるが，10枚以上ある写真はとても使いものにならなかった．この写真の中には当時の貴重な資料があり，何とかこのオリジナルの写真を接写したかった．それで最後の頼みの綱として国会図書館へ行った．国会図書館にはこの雑誌はあったが，残念ながら1900年以降のものしかなかった

図4・6 "McClure's Magazine" Dam の記事

のである．今回，再度海外に依頼したところ，コピーであるが BLLD のものよりかなり鮮明な資料を入手したのでその幾つかを手に入れることができた．

記事の要旨は次のようなものであった．

> ヴュルツブルクの研究所にレントゲン教授を訪ねて
> －大発見の教授自らの説明－陰極線についての興味ある実験－
> 新しい写真術の実用的な用法
> 　　　　　　　　　　　　　　　　　　H. J. W. ダム
> 　ヴュルツブルク大学の物理学の教授ウィリアム・コンラッド・レントゲン教授により 12 月のヴュルツブルク物理・医学学会でなされた発表は，その後 4 週間ほどでヨーロッパの科学界の中心に伝えられたが，科学の発見の歴史において，これほど速く劇的にもたらされた研究は今だかつてなかろう．

（中略）

　以下は発見のニュース，既に語られている新しい放射線の性質，医学への未来の展望などが書かれている．
　取材の文が書かれているのは中頃からである．

（中略）

　本誌の編集長から電信による指示で発見の最初の報告について取材するため，私はその発見者に会うために研究所のあるヴュルツブルクへ出発した．
　私は人口4万5千のこぎれいな，そして繁栄したバイエルンの街に着いた．その街は10世紀に渡って，その中世の城の精巧さや，地方のビールの卓越さを除けば世界の賛美になるようなものではなかった．
　その通りは深紅や緑あるいは青の帽子をかぶった大勢の学生で賑わっていた．

（中略）

　ヴュルツブルクに着いたダムは，どうすればレントゲン教授が会ってくれるだろうかと考えた．それは今までドイツの記者が大勢押し掛けたが，マスコミ嫌いのレントゲン教授は一人もそのインタビューに応じてくれなかったことを良く知っていたからである．その結果，ダムはフランス語で会見の依頼状を書いてレントゲンに送ったのである．そうしたところ，どういう訳かレントゲンからインタビュー承諾とその日時まで書いた返事を受け取ったのである．何故レントゲンがダムの依頼に応じたのかは不明であるが，ダムが外国人記者であったことなのかも知れない．とにかくフランス語の依頼状でダムの単独インタビューの約束は取れたのである．

　レントゲン教授の特別な分野である物理学研究所は2階と地階の地味な建物で，上階は教授の住居となっており，建物の他の階

は講義室，実験室，そしてそれらに付随する事務室にあてられていた．

　入り口で私は盲目的にレントゲンを崇拝している年取った用務員に会った．そこで私は「レントゲン教授にお会いしたい」と訪ねたら，老人は困惑を顔に表して，穏やかに「レントゲン教授様」と私に訂正を申し入れた．

　　　　　　　　　　（中略）

　実験室の教訓は雄弁に物語っている．例えばロンドンの大学とかアメリカのどこかの大きな大学のように精巧で高価で完全な装置と比較すると，それは裸のままで地味なものであった．科学の進歩において必要なのは人の才能であって，装置の完全性ではない．それは未知の大きな分野において新しい基礎を確立したということを無言で語っているようであった（図4・7）．

　　　　　　　　　　（中略）

　会うことは約束してあったので，彼の挨拶は親切で心からのものであった．彼はドイツ語の他にフランス語を良く話したが，英語はあまり話さず，科学的用語のみであった．この3ヶ国語は多少共訪問者も精通していたので，会話は国際的に数ヶ国語を基にして，必要に応じて言葉を変えて続けられた．

　　　　　　　　　　（中略）

　「それでは教授，私に発見の経緯を話してください」と私は言った．

　「経緯なんてありません．私は長い間，ヘルツやレナルトによって研究された真空管から出る陰極線の問題に興味を持っていました．私は大変興味深く彼らや他の研究者の研究を追試し，私の時間を取れるようになると直ぐに私自身の研究を始めました．その時期は10月の終わり頃でした．私が何か新しいものを発見したのは研究を始めてから数日後でした」

　「それは何日でしたか？」

　「11月8日でした」

図4・7 (a) 蛙のX線写真，クルックス管使用（"プレス メデカル"誌 パリ）

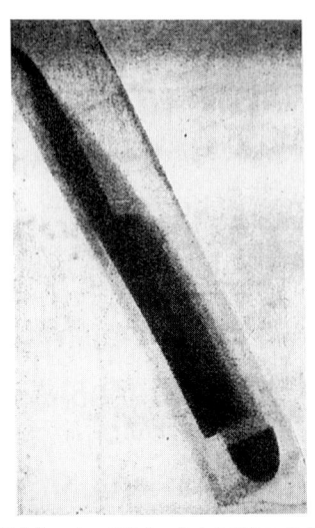

図4・7 (b) ケースに入ったかみそりのX線写真

図4・7 (c) 魚のX線写真（A. A. C. スイントンが撮影したもの．撮影時間4分）

図4・7 (d) 靴底を透過した足のX線写真

図 4·7 (e)　靴底を透過した足のエックス線写真を撮影しているもの．靴底の下に写真乾板がある．

"Now, Professor," said I, "will you tell me the history of the discovery?"
"There is no history," he said. "I have been for a long time interested in the problem of the cathode rays from a vacuum tube as studied by Hertz and Lenard. I had followed theirs and other researches with great interest, and determined, as soon as I had the time, to make some researches of my own. This time I found at the close of last October. I had been at work for some days when I discovered something new."

"What was the date?"
"The eighth of November."
"And what was the discovery?"
"I was working with a Crookes tube covered by a shield of black cardboard. A piece of barium platino-cyanide paper lay on the bench there. I had been passing a current through the tube, and I noticed a peculiar black line across the paper."

図 4·8　Dam のインタビュー

「何が発見されたのですか？」

「私は黒いボール紙で覆われたクルックス管で研究していました．1枚の白金シアン化バリウムの板が作業台の上に置いてありました．私が管に電流を通じたとき，蛍光板を横切る奇妙な黒い線？に気が付いたのです」

(中略)

ここがこの記録のもっとも重要な箇所で，X線発見の日時が明記されていることである．図 4・8 はこの部分のオリジナルであるが，最後の文章の "I noticed a peculiar black line across the paper." の意味は不明である．何故なら実験室は暗室，クルックス管も黒紙で覆われているので，蛍光板に奇妙な黒い線が出でも見えるはずはない．多分，"light"（明るい）の誤りと思われる．ダムは素人なので，聞き違えたか，勘違いか？，このレポートの弱い所である．以下はダムとレントゲンの一問一答の形で，ほとんどが第1報の「放射線の一新種」の解説になっている．

———— *Note* ————

*1) 19世紀後半の科学の発展を基に多くの空想科学小説を書いたフランスの小説家．有名な作品としては次のようなものがある．80日間世界一周 (1873年)，海底2万哩 (1870年)，地底旅行 (1870年)，気球に乗って5週間 (1863年)

4.2 物理学への反響

レントゲンの大発見の報道は物理学者，医学者に大変な衝撃を与えた．物理学者は直ちに追試を行い，世界各地でX線写真が撮られた．そしてこの報道がまやかしでないことが証明されると，この不思議な放射線は科学者はもちろん一般大衆にも大きな興味を呼び起こした．物理学者はこの放射線の物理学的解明に先を争って着手することになる．

レントゲンはイギリスにはケルビン (L. Kelvin) とシュスター (Arthur Schuster) に論文とX線写真のプリントを送ったが，ケルビンは高齢で病床に

あったため特に論評は発表しなかった．

　A. シュスターはフランクフルト生まれで，後にイギリスに移住し，当時はマンチェスター大学の物理学教授であった．ドイツ系ということもあってレントゲンとは以前より親交があった．

　シュスターはレントゲンより送られてきた論文と X 線写真のプリントを見て驚くべき大発見がなされたことを知り，1896 年 1 月 18 日には Brit. Med. Journal に "On the new kind of Radiation" と題して，そして 1 月 23 日付でネーチャー誌に "On Röntgen's Rays"[36] と題して X 線について論説を発表した．それまで伝えられた新聞紙上の情報はあまり根拠のない話や誇張された記事のみが書かれており，本質的な面に触れた論評はこれが最初であった．

　シュスターはその中で「この放射線は我々の持っている自然科学の概念を覆すと思われるような現象を明らかに含んでいる」と述べ，X 線の発見がきっかけとなり，これから始まった物理学の大革命を予言し，また「レントゲンの放射線は陰極線ではない——この点に関しては疑う余地はない——そしてこの放射線は陰極線が固体と衝突した点から発生する．そして磁場で偏向されないということはこの放射線の確かな本性を表わしている．したがってこの放射線は陰極線とは明確に分離される」と述べ，この時点で X 線が陰極線と異なることをはっきり認めている．

　またキャベンディッシュ研究所の J. J. トムソンはレントゲンの論文を読み，これは今まで全く未知であった放射線であることを知って直ちにこの新しい放射線を使って X 線の重要な性質である電離現象を発見し，2 月に発表した．

　レントゲンはこの現象については既に前年の 12 月には知っており，第 2 報で報告したが，発表が 3 月になったため，X 線の電離現象の発見者は J. J. トムソンということになっている．

　パリでは数学者のポアンカレ（Poincaré）が X 線の発生について理論的方向づけを与えようとして，十分強い蛍光を発する物体は光のほかに X 線のような放射線も発生しているのではないかと示唆した．これを受けて父の代から蛍光体を研究していたベクレル（Antoine Henri Becquerel 1852〜1908 仏）はウランの化合物が外部から励起されなくとも放射線を出していることを発見した．これが自然放射能の発見で，この後，キュリー夫妻，ラザフォードらにより

次々と原子の構造が明らかにされて行くことになる.

このようにX線の発見がきっかけとなり，この後，20年程は物理学の大革命が起こり，近代物理学へと発達して行くことになる.

一方，レントゲンがもっとも気にしていたのは陰極線と新しい放射線の相違であった．そのため11月8日にX線を発見した後，約7週間，陰極線との本質的な相違を調べ，12月28日付の論文にこれらを列記したのである．それにも関わらず，当時X線が陰極線とは全く異質のものであるという見解をはっきり認識していた物理学者はわずかで，特に陰極線の研究者のほとんどは，レントゲンの発見した放射線は陰極線と同じものかその一種だろうと考えていた.

このことは同じ23日付ネーチャー誌のスウィントン（A. A. C. Swinton）の手記でも知ることができる．スウィントンはイギリスの電気技術者で陰極線の研究を行っていたが，1月6日のデイリー クロニクル紙の記事を見るや，自分も直ちに実験を行い，1月10日頃にはX線撮影に成功した．レントゲンに次いでX線写真撮影に成功したのはスウィントンではないかと言われているが，「レントゲン教授の発見」という実験手記を1月23日付のネーチャー誌に発表した[34].

レントゲン教授の発見

キャンベル・スウィントン

ここ数日来，レントゲン教授の実験の新聞記事は多くの人々の興味を引き起こしているが，この発見は全く新奇なものとして明らかにされたものではない．というのはクルックス管やヒットルフ管から発生する陰極線が薄い金属箔を透過するということはレナルトの研究によって2年ほど前に発表されている．そしてそのような陰極線が写真効果を作り出すことは既に明白に指摘されている.

レナルトは陰極線が比較的容易に外に出てくるアルミニウム箔の窓をもった放電管の使用により，放電管と写真乾板の間に置かれたボール紙について，アルミニウム板を何枚も透過するレントゲン線とほとんど同じ陰極線写真像を得ている.

第4章　発見の反響　*125*

　しかしレントゲン教授は，写真作用を起こす陰極からの線の一部は放電管のガラス壁を透過するから，アルミニウム窓は必要ないことを示した．
　さらにレントゲン教授は大衆の人気取り的な方法でレナルトの結果を拡張した．これに対して最も重要なことは，骨が筋肉よりこの放射線に対してほとんど不透明であるという非常に奇妙な事実をレントゲン教授が発見したことである．それはもし生きている人間の手がクルックス管と写真乾板の間に置かれれば，骨の輪郭と関節が明らかに写し出される陰影写真を撮影することができることである．
　最近，日刊新聞に発表されたウィーンからの電信で示された方法で研究を行ったところ，私は J. C. M. スタントン氏の助力でレントゲン教授の多くの実験を繰り返し，完全に成功した．

（以下略）

　当初，スウィントンはウィーンの報道を 1/3 程度に要約したデイリー クロニクル紙の新聞報道しか知らなかったこともあって，陰極線と X 線の相違については全く知らなかった．この手記はその後，アメリカのエレクトリカル エンジニア（Electrical Engineer）誌に転載されたが，この序文の所だけ削除されている．これはその後，レントゲンの論文を読んだスウィントンが，陰極線と X 線とは全く異質なものであることに気づいたからと思われる．しかし，レントゲンはレナルトの実験を応用したにすぎないというこれと同じような記事は 3 月頃までかなり多く発表されている．
　図 4·9 は 1896 年 1 月 17 日，ハンブルク物理学研究所教授フォーラーによって撮影されたもので，当時有名になった X 線写真である[12]．この X 線写真はフランスの有名な雑誌ル イラストレイション（L' Illustration）に発見の最初の報告と共に掲載されたもので，その他多くの医学雑誌の冒頭に使用された．
　1896 年 1 月 31 日付けのエレクトリシアン（Electrician：イギリスの電気技術の専門週刊誌で，電気だけでなく物理面でも最新の話題を掲載していた）の「新しい放射線（"The New Radiation"）[38]」と題する論説を見ると，X 線の発

見がその当時どのように受け取られていたかを知ることができる [37].

新しい放射線 [38]

レントゲンの放射線は物質粒子の流れか，また極端に波長の短い紫外線か，あるいは全く新しい種類の放射線か？

これらは今やヨーロッパ，アメリカ，オーストラリアそして日本 [*1] においてもそのすべての物理学研究所で討論されている問題である [*2]

（中略）

陰極線はアルミニウムの窓を通して空気中に取出すことができるばかりでなく，少量ではあるがガラスを通すことも知られている．他方，陰極線は磁石によって偏向されることが証明された．主としてこれらの事実から，レナルト線は以前から知られているヒットルフやクルックスの陰極線の単なる延長に過ぎないと，この国（英国）では主張されている．

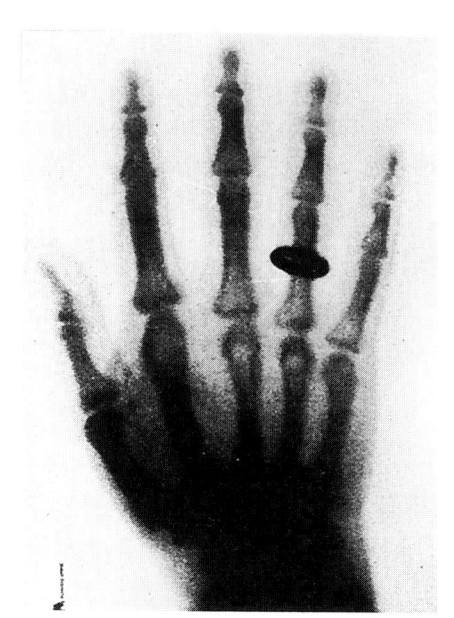

図4・9　ハンブルク物理学研究所フォーラーが撮影した手の写真（1896年1月17日）[11]

しかしこの説はレナルト自身により強力に反駁され，レナルト線は物質でなくエーテル（電磁波）であると一貫して主張した[*2]．

（中略）

レントゲン教授は新しい放射線が磁場によって偏向されないことからレナルト線とは全く異なる種類のものであると主張している．このため現在多くの実験が行われており，その結果を予想することは軽率であるが，非常に興味ある科学上の論争が持ち上がっている．

ともあれ，生体内部を見ることができるというレントゲン教授の発見が，一般大衆の間に引き起こした大変な興味について教授に御礼を言わなくてはならない．

この発見は今や研究所や学問だけの問題ではなく，全世界が十分に興味を持っている段階に来ている．

この発見は人類が戦争による銃弾の撃ち合いを続ける限り，体内に打ち込まれた弾丸の位置を検査する最も確かな方法となり，さらに骨折，脱臼，異物などの検査に疑いなく威力を発揮するであろう．

また，厚く重い金属製品に対しても十分な透過力が得られるかどうかは，現在においては答えられないが，技術者は新しい放射線の助力によって金属製品の傷の検出ができることを望んでいる．

（中略）

レントゲン教授の発見についての新奇さが事実どんなものであったとしても，教授が強力で特種な効果をもつ放射線を得ることに成功し，本質的に新しい研究装置を世に送ったことは疑いのないことである．

この論評は 1 月末に発表されたもので，X 線の今後の応用への期待が述べられている．しかし，この新しい放射線の本質についてはレントゲンが詳しく述べ，さらにシュスターのように新しい放射線は陰極線とは全く異質なもので，

この発見がきっかけで始まる物理学の大革命の予言すらしているのに，多くの物理学者はまだ確信が持てず，はっきりした見解を発表しなかった．

ベルリン大学物理学教授ルーマー（Lummer）もヴァールブルクと同じにレントゲンより発見の論文と資料を送られていたが，1896年2月15日に次のようなことを言っている．

「レントゲン教授より私に送られた論文を読んだ時に，その発見者の名前とそれを立証する資料が私をこの妄想からすみやかに，また十分に解放してくれたが，それでもお伽話（ほら話）を聞いているとしか私には考えられなかった」．

これは発見が一般に知られてから40日も後のことで，世界各地で多くのX線写真が撮影され，レントゲンの報告がまやかしでないことは十分証明された後の話である．ベルリン大学の物理学教授ですら当時はこのように思っていたようである．

図4・10は1896年2月3日，アメリカ，ダートマス大学で最初のX線撮影を行っているものである．

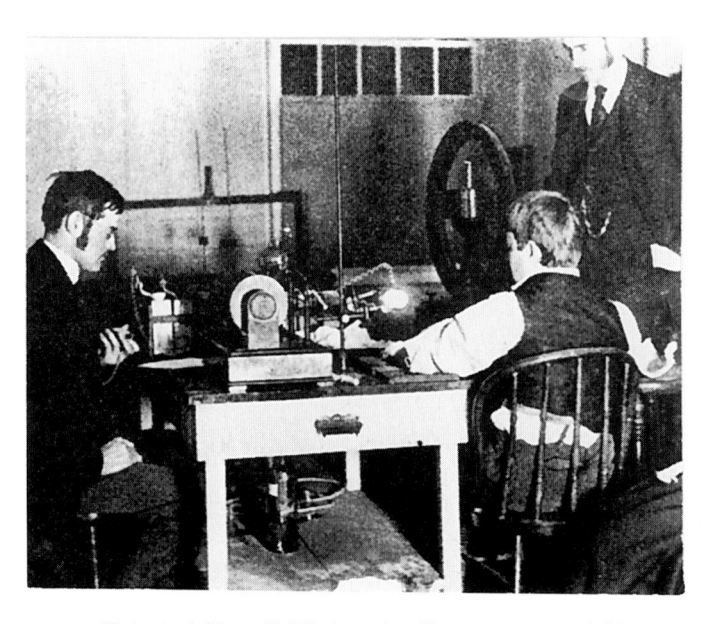

図4・10　初期のX線実験（1896年2月3日，Dartmouth大学）[11]

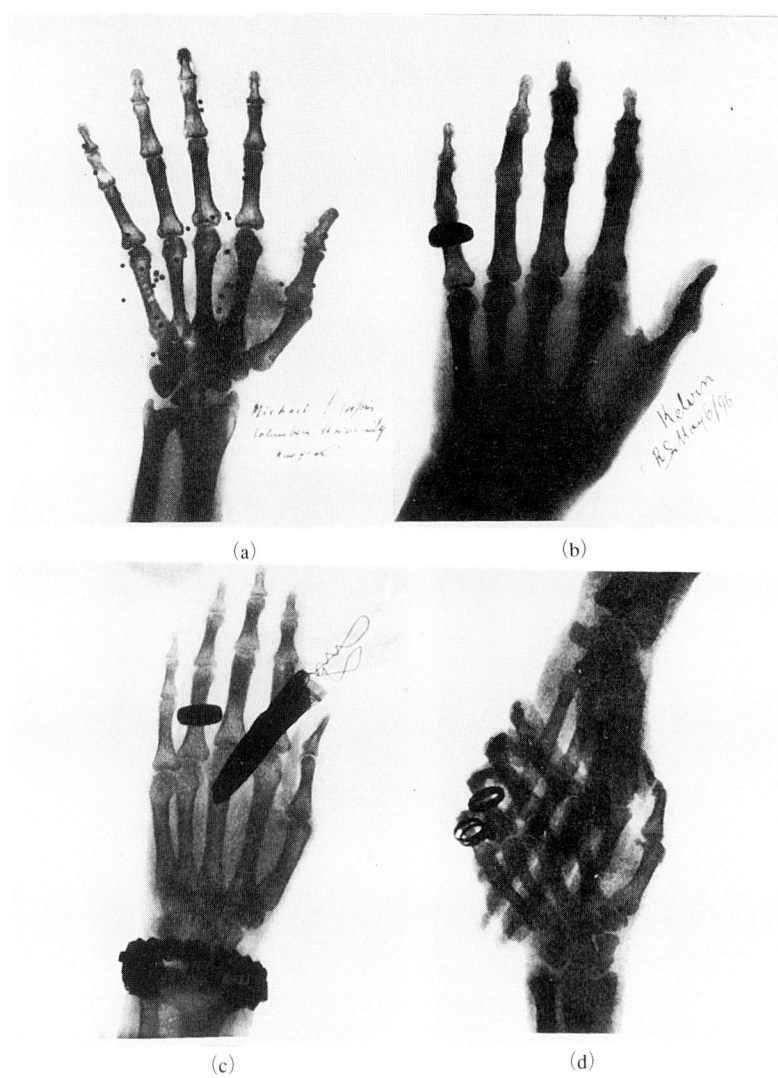

図4・11 発見当初,撮影された有名な手の写真[1]
(a) 散弾が撃ち込まれた手の写真(1896年2月ニューヨーク,M.Pupin撮影)
(b) Lord Kelvinの手(1896年5月ロンドンで撮影)
(c) 花束を持った女性の手(1896年2月,フランクフルトのDr.Korig教授の撮影)
(d) 二つの手をからませたレントゲンの写真(1896年6月27日Dr.Korig教授の撮影)

図4・11は発見当初,撮影された有名な手の写真である.管電圧は推定 50～60 kV,撮影時間は10～20分であった.

───── *Note* ─────

*1) 1896年1月末頃からおびただしい数のX線に関した論評が発表されるが,その中で日本(Japan)の文字が見られたのはこのエレクトリシアンが唯一であった.日本の物理学者はこれを見て,日本の物理学も欧米に認められるようになったと喜んだが,これは当時エレクトリシアン誌は海底電線の工事の記事を特集しており,日本近海の工事の様子を多く伝えていた.このことから,日本についての情報をエレクトリシアン誌が多く取り上げていたからであった.
*2) 残念ながら日本に発見の報が入るのは2月中旬頃である.
*3) この頃,陰極線の本質をめぐって荷電粒子説と電磁波説が真っ向から対立しており,レナルトは電磁波説の主唱者であった.

4.3 医学への応用

生体の手や足の骨だけが写る不思議な写真が各地で撮影されると,これを医学に応用すればすばらしい威力を発揮するだろうと誰もがすぐに考えつくことである.初期の頃は骨折や異物の検出に応用され,徐々に実用に供されるようになる.図4・12は足に打ち込まれた弾丸のX線写真である.

発見当初は撮影よりも透視の方が容易に透過像が見られるため,後者の方が普及した.

エジソン(Thomas Alva Edison 1847～1931 米)はX線発見の報を聞くと直ちに研究を開始し,図4・13のようなX線装置を作り,蛍光板を暗箱の前面に取り付け透視ができるようにした(図4・14).この暗箱は"fluoroscope(フロロスコープ)"と呼ばれ,室内を暗くする必要がなく透視像が見られたのでかなり普及した(図4・15).

図4・16はこの暗箱を使用して透視中のものである.透視の場合は放電管(X線管)の排気が十分であれば,後は誘導コイルの出力電圧を放電管の放電

第4章 発見の反響 *131*

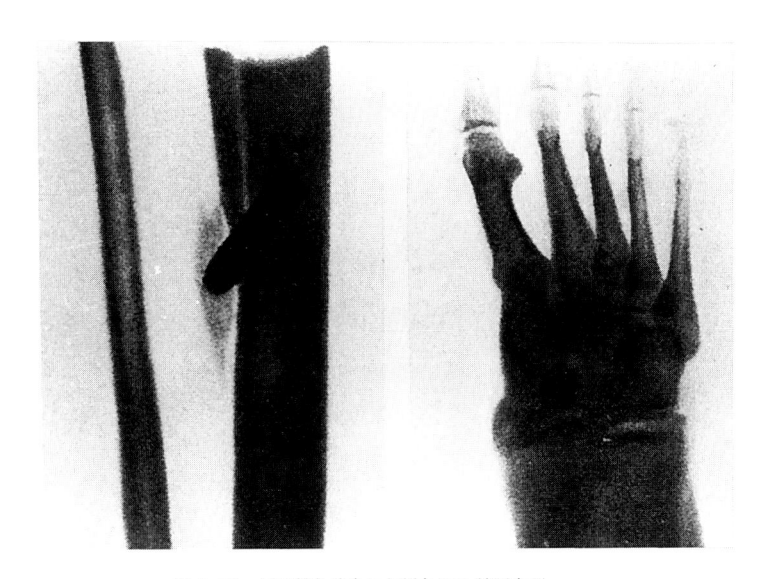

図4・12 足に撃ち込まれた弾丸のX線写真[11]

図4・13 手の透視を行っているエジソン．手を出しているのは助手のダーリーである[12]．

図4・14　エジソンが作ったX線装置と透視用暗箱[38]

図4・15　エジソンが発明したといわれるフロロスコープ（Fluoroscope）[38]

図4・16　フロロスコープ（Fluoroscope）を使用して透視中の写真[18].

電圧以上に保っておくだけで透視は可能であった．しかし記録が残らないという致命的な欠点があった．

　撮影は透視のように簡単にはできなかった．それにはまず排気の程度を目的（撮影部位）によって決めなくてはならない．そして誘導コイルの出力電圧も放電電圧によって調整する必要があり，かなりの物理学的な知識がないと装置の操作ができない．さらに写真の現像処理の技術も心得ていなければならないことがあった．そのため医学者のみでX線写真撮影を行うことはかなり困難なことで，物理学と写真技術の両面の協力者を必要とした．

　そのため，X線写真が医学に大変有効なことがわかっていても，これを実際に臨床応用できたのは極く限られた施設のみであった．

　1896年3月以降になると図4・17のようなフォーカスチューブ（Focus tube：焦点管）が考案される．それまで直径15 mm程もあった焦点が2 mm程に縮小され，画質は著しく向上した．さらに電子衝撃面も白金となったので，許容負荷も著しく増大した．図4・18はフォーカスチューブで撮影されたX線写真である．このフォーカスチューブはスウィントンやジャクソンらによって考案されたと言われているが，この考案は当時，X線の実用化を大きく進展さ

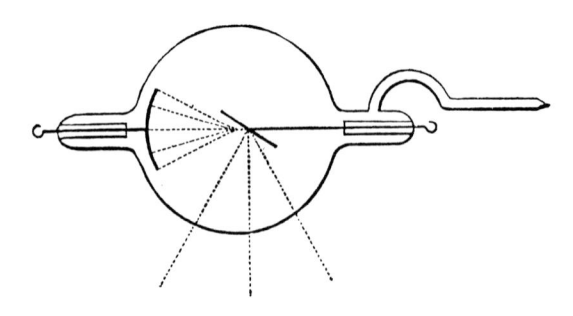

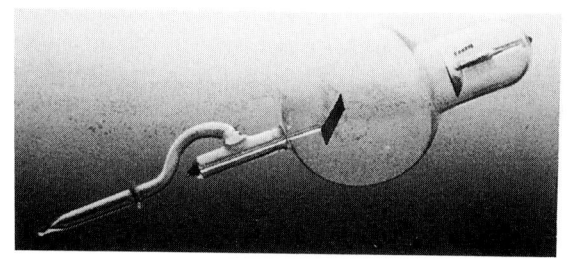

図4·17 (a) フォーカスチューブ (Focus tube) 焦点管

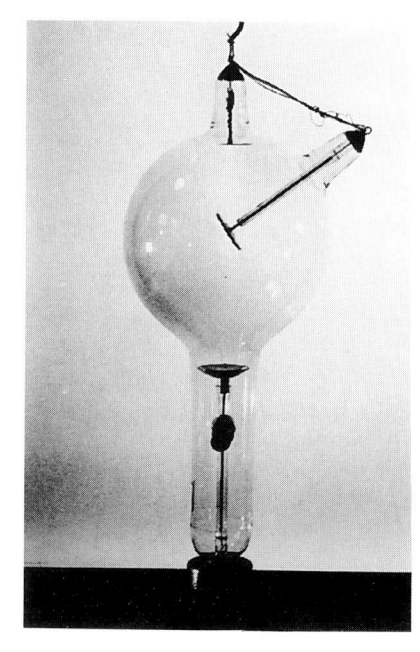

図4·17 (b) 少し進歩したフォーカスチューブ

せたものであったので，これの優先権を巡ってかなりの論争があった．しかしこの原形はクルックスが陰極線実験用として既に十数年前に考案したもので，管軸を 45°傾斜させて使用することにより同じような効果が得られるというシャレンベルガー（Shallenberger）のクレーム[38] が付いて一応落着した．しかしレントゲンは既に 3 月 9 日の第 2 報で，フォーカスチューブを使用し，良好な結果を得たと報告している．このことから X 線発生用として最初にフォーカスチューブを使用したのはレントゲンと思われるが，これについての優先権もレントゲンは全く要求しなかった．図 4·19 はフォーカスチューブ（上）とクルックスの放電管（下）を比較したもので，クルックスの放電管でもほとんど同じ効果が得られるということから，ジャクソンらの優先権の争いは無効とされた．

初期の頃の高電圧電源としては一般に誘導コイルが使用されていたが，この他に静電装置（Static machine）も使用された．これはウィムズハースト（Wimshurst）起電機と呼ばれるもので，ガラス，マイカなどの誘電率の高い物質で作った円板を回転させ，その摩擦による起電力を利用するものであった．出力電圧は 100～200 kV，出力電流は 1～2 mA で，出力はライデン瓶（コンデンサ）で平滑されるため当時の X 線管（ガス管）にとっては理想的であった．しかし，出力電流が少ないため主に透視・治療用として使用された．図 4·20 は実験用の小さい起電機を使用して X 線撮影の実験を試みているものであるが，この程度の起電機では出力不足のため X 線撮影は不能であった[3]．

図 4·21 は 1903 年に製作された静電装置で，出力は 100 kV，2 mA 程度と思われる．透視，治療用で手廻し式であった[6]．図 4·22 は 1905 年に作られた巨大な静電装置で，回転板の直径は 1.5 m である．また出力を増すために回転板を 50 枚も使用したものもあった．これらは電動機によって回転させた[6]．

図 4·23 は 1896 年後半に作られた X 線装置で，一応 X 線発生装置として製品化されたものである．装置の実用性も次第に高くなり，医学への応用も普及して来ることになる．

X 線は発見当初から体内の異物の検出に威力を発揮するだろうと言われていたが，1897 年，エチオピア，トルコ，スーダンなどで起こった戦闘によって医学への有用性が実証された．これを最も強力に押し進めた事件は，当時イギ

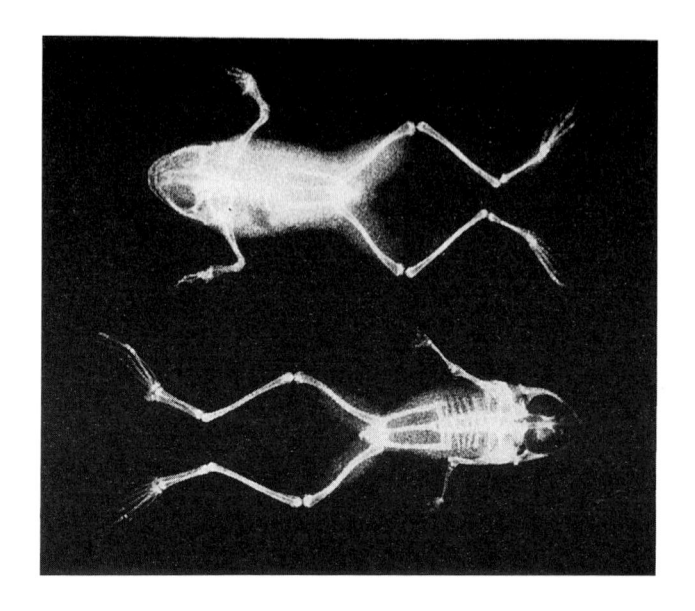

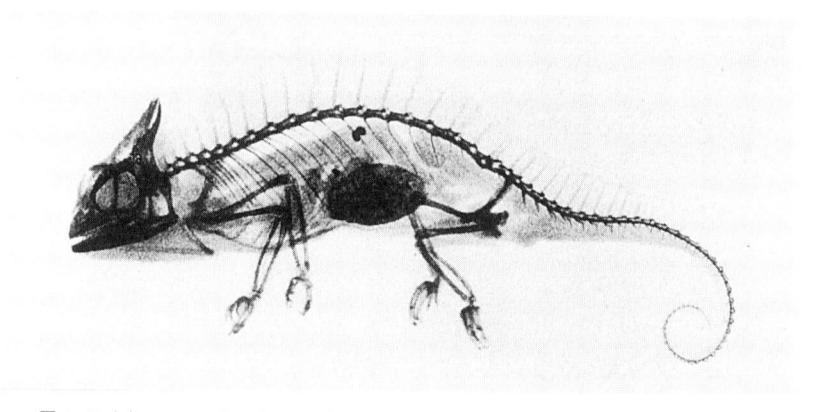

図4・18（a） フォーカスチューブ（Focus tube）で撮影された初期のX線写真（Ⅰ）[12]

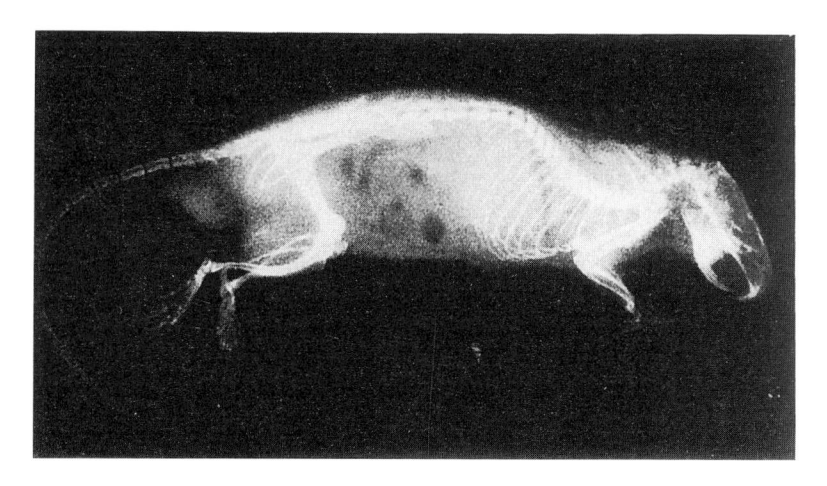

図4・18 (b)　フォーカスチューブ (Focus tube) で撮影した初期のX線写真 (Ⅱ)[12]

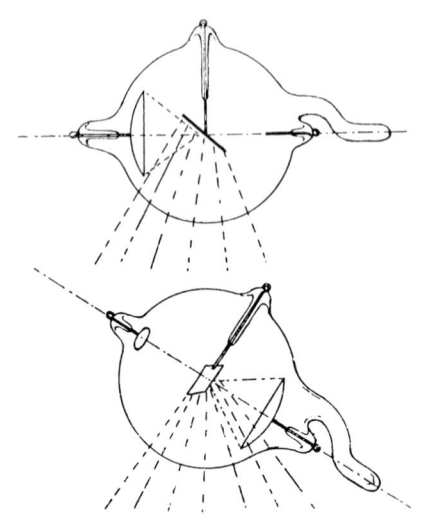

図4・19　フォーカスチューブ（上）とクルックスが実験した放電管（下）[17]

図4・20　ウィムズハースト起電機を使用したX線実験[2]

図4・21 1903年製の静電装置[6]

図4・22 1905年に作られた巨大な静電装置[6]

図4・23 初期のX線装置一式（1896年後半）[39]

図4・24 負傷した兵士の肩を撮影しているもの（1897年）[31]

リスの植民地だったアフリカのスーダンで起きた反乱であった．反乱は軍の出動で鎮圧されたが，この時約 200 名の英軍の負傷兵を現地の野戦病院で X 線透視，撮影によって診断，手術して，その威力を十分に発揮したのである．図 4・24 は負傷した兵士の肩を撮影しているものである．しかし，まだ X 線管の遮蔽は全く行われていない．図 4・25 は蓄電池を充電しているもので，改造した自転車で発電機を回し，充電した (1897 年).

このようなことから X 線発見の創成期において医学への応用，普及に最も積極的であったのは各国とも軍であった．

1896 年 5 月，ニューヨークで電気博覧会が開かれ，エジソンは X 線装置を出品し，世界で最初の公開 X 線実験を行った．一般の人々は未だ不透明の物質を透過するという不思議な光線を見たことがないので，この公開実験は連日押すな押すなの大盛況であった (図 4・26)．しかし会期中，透視実験のモデルをつとめた助手のダーリー (Dally) は背中に水泡ができ，潰瘍となり，それが癌となって 1904 年死亡した．エジソン (図 4・27) はこのことから X 線の研究を止めてしまった．

X 線の医学への応用が進むにつれ，X 線の障害が問題になってくる．しかし，X 線は五感に感じないこともあって，初期の頃には皮膚障害の原因は X 線が直接的ではないと思われていた[42]．

レントゲンは亜鉛の大きな箱の中で X 線の実験を行い，放電管はその外側に置かれた．この亜鉛の箱の目的は実験室全体を暗室にすることが容易でないこと，写真乾板を X 線によるカブリから防ぐことなどの目的で作られたものであったが，この箱の中で研究したレントゲン自身を X 線源から防護する大きな役も果たした．

1896 年 3 月 12 日，イギリスのボーウェン (R. L. Bowen) はロンドンのカメラクラブで講演を行い，「レントゲン線は太陽光と同じように日焼けの作用があるようである」と述べた．同じ頃，イギリスのスティーブンス (L. G. Stevens) は「X 線での研究で皮膚が変化するような場合，これは日焼けの効果と同じである」と述べ，「激しい X 線の皮膚炎の場合，またこれを太陽光に当てなければならない」という変な結論を出した．

エジソンも X 線の独特な効果に注目した一人である．彼は透視用の X 線管

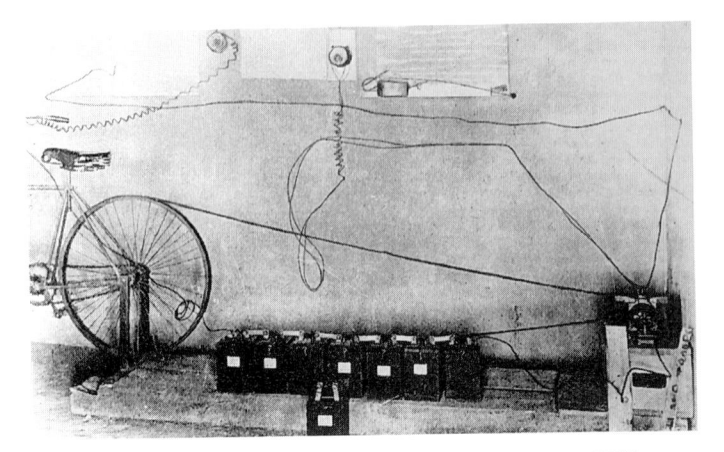

図4・25 自転車で蓄電池を充電しているもの.右側にあるのが発電機.

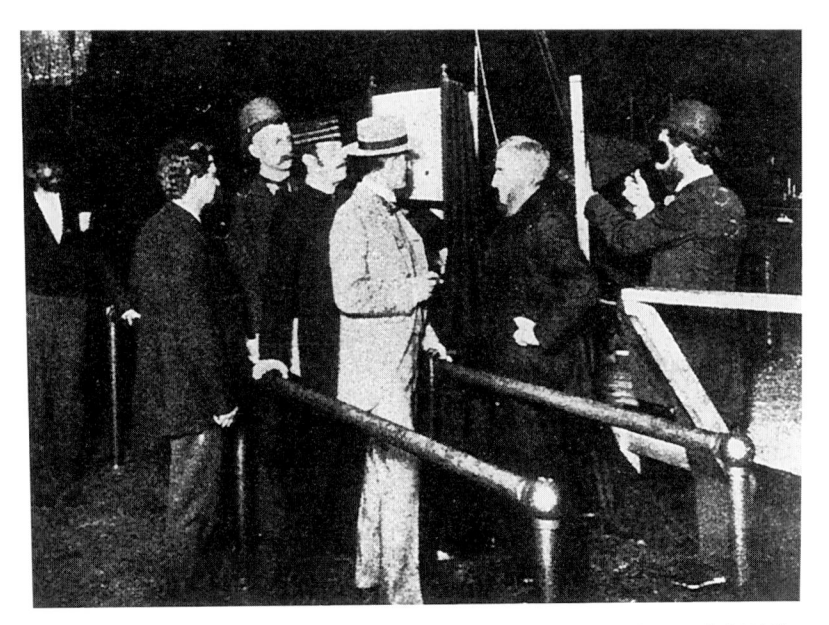

図4・26 エジソン(Edison)の行ったニューヨーク電気博覧会における最初のX線公開実験(1896年5月)

図4・27 トーマス・アルヴァ・エジソン
(Thomas Alva Edison, 1847～1931)

で数時間研究後，目の痛みを訴えたが，これはX線の直接の効果とは思わなかった．

　テスラは「頭部撮影では強力なX線を発生させるため一般に鎮静効果があり，大脳の前頭葉の興奮の感覚，睡眠作用がある．しかしあまり繰り返すと目は炎症を起こし，そして1回の照射はあまり長くすべきでない」と述べた．

　この当時，最もひどい影響を受けていたのがX線透視を見せ物にして持ち歩いていた商売のモデル達であった．

　1896年7月，ベルリンの医師マルクセ（W. Markese）はX線透視を実演していたモデルの17歳の若者の実態を次のように報告した．

　　　その若者は4週間前から毎日，あるいは1日に2回，実演を行った．実演を始める前，若者の体は全く正常であった．1回の実演は普通5～10分であったが，心臓の鼓動や横隔膜の移動現象などで観客が特に興味を示した場合，透視時間は延長された．
　　　X線管から体までの距離は，鮮明な映像を得るために普通は

25 cm であった．しかし時としては X 線管が体に付く程密着していた．X 線管の方を向いていた若者の顔の部分は X 線に照射され，約半分は茶色に変色して広がり，赤くなっていた．若者の耳は黒く変色していた．かさぶたのある顔の部分の変色も耳と同じように黒く見える．赤くなった皮膚の感覚は正常で，そこはかゆくなかった．

　若者は実演が始まって 2 週間，自分の顔を鏡で見て初めて気づいた．彼は酢で顔を洗い，正常な顔になるように試みたが，効果はなかった．そして洗ったかなりの部分のかさぶたは剥がれた．数日後，若者の実演は皮膚の損傷が現れてきたので止められた．そして 5 日後，彼の顔の赤味がかった腫れた箇所の増大は認められなくなった．それ以来，その若者は私のところに診せに来ない．

　この短い報告は注目すべき皮膚炎の原因を以下のように説明している．
　「X 線のデモンストレーションに雇われた若者の皮膚の火傷，脱毛現象などは X 線管から身体に流れる高電圧の電流の効果に非常に似ている．多分この現象は X 線の効果ではないであろう」とマルクセは結論している．
　発見初期の頃，世界各地で X 線の見せ物が流行ったが，モデルになった人達は程度の差こそあれ，皆ひどい X 線障害を発生し，悪性の潰瘍から癌となり死亡した人もかなりあったようである．実態は不明であるが，初期の障害で最も多かったのがこの人達ではないかと考えられている．日本でも興行師が X 線装置を持って地方を巡ったという話がある．
　同じ頃，シカゴのスタイン（W. M. Stine）は「レントゲン照射の影響」と題して彼の助手の X 線の火傷を報告したが，「その効果はレントゲン線によるものではなく，レントゲン線に含まれた紫外線によるものである」と述べた．一方，ボストンのフライ（G. A. Frei）は「誘導コイルで発生されるレントゲン線だけが有害である」と論じた．誘導コイルの場合の高電圧は既に述べたようにパルス状である．それに対して静電装置は定電圧となる．フライはパルス状の X 線を発生する誘導コイル方式の方が有害な X 線を発生すると言い，当時のレントゲン学者はこの説を支持したが，もちろん根拠は全くない．

1896年11月,初期のX線の研究で有名なアメリカのイリュー・トムソン(Elihu Thomson)は自分の指にX線を照射し,皮膚障害の経過について優れた解釈を発表した.以下はE.トムソンの報告の概要である.

> 私はレントゲン線の組織や皮膚への効果に関して真実を求めるために,幾つかの報告を参照した.私は自分の左手の小指に30分間X線を照射した.白金の焦点から小指までの距離は約30cmであった.1週間過ぎると指は次第に赤くなり,極端に敏感で,腫れて硬着し,痛みが広がった.
>
> 照射から17日目,指はまだただれており,さらに進む兆候を示していた.照射した部分の2/3は大きな水泡で覆われ,それは日毎に大きくなった.しかしこの効果は指の至る所に広がることはなく,照射された箇所のみであった.
>
> この効果はまったく電気的なものとは考えられないことを強調したい.それは次のことから説明される.
>
> 組織の中へより深く透過することによって起こる日焼けの光の効果のような性質がレントゲン線の化学的作用のもう一つの兆候である.それは長い"潜伏の時間"の存在を示唆している.それは細菌の性質である潜伏期の時間効果に類似している.
>
> これはレントゲン線の実験を行うときの注意事項として心に留めておくべきである.1本の指より多く照射すべきではない.距離6吋(152 mm)で5時間の照射という量が限界である.その効果は,時間の長さには等しく比例しない.あるいはあまり長すぎた時は悲嘆の原因となるであろう.図4・28はX線火傷の例である.

イリュー・トムソンは皮膚障害はX線自身による作用であると述べたが,1896年の末頃はまだ次のようにいろいろな説が唱えられていた.

(1) 紫外線が含まれており,その効果によるものである.

(2) X線管陽極の白金の原子が飛び出して皮膚に当たる．
(3) 陰極線の効果によるものである．
(4) 高電圧のため人体に誘導電流が流れる．
(5) 皮膚の中にオゾンが発生する．
(6) X線自身の生物学的作用である．
(7) 技術的に誤った操作によるものである．

1897年になってもX線障害の問題は解明されなかった．アメリカのペンシルベニア大学のレオナルド（Charles Lester Leonard）は1897年12月にX線火傷について次のような論評を発表した[43]．

> X線火傷は本質的にX線によるものではない．これは患者の組織内に誘導された電流の結果である．X線は電気誘導の物理的現象によって発生するものである．そして患者の組織のような電気的に導体のものにおいては必ず起こるものである．
>
> この理論の証明は最近発表した事実でわかる．それはアルミニウムの薄板をX線管と患者の間に置き，アルミニウム板を接地すれば火傷は防止できるであろう．この処置により，X線の物理現象に対する効果には何の妨げもない．誘導された電流はアルミニウムを通して患者への障害なしで電線によって大地へ運ばれる．

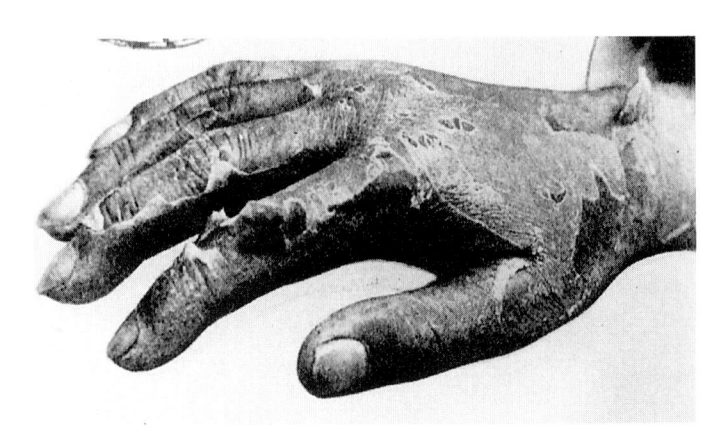

図4・28　X線火傷の例（1896年）

この方法は理論的には誤っていたが，結果としてアルミニウムのフィルターが入ったのでX線火傷は少なくなるため，普及していった．

X線の生物学的作用が初めて報告されたのは1896年3月のサイエンス誌であった．ダニエル（John Daniel 米）はX線の大変奇妙な現象を発見した[44]．それは1896年2月29日のことであった．ダニエルは事故で散弾が頭の中に入ったと思われる子供のX線写真の依頼を受けるが，まだ手のX線写真がせいぜいで，頭の写真は撮ったことがなかった．それで同僚の医師にモデルになってもらいテストを行った．乾板の入っているホルダーは彼の頭の一方の端にくくりつけられ，その間には散弾を想定してコインが入れられた．X線管は彼の頭の反対側に置かれ，毛髪から約1.5インチの距離に置き，撮影時間は1時間であった．乾板は現像されたが残念ながら何も写っていなかった．患者には装置の出力が小さいため，頭のX線写真の撮影は無理であると断った．

それから21日後のことである．同僚の頭のX線を照射した場所全体の毛髪が完全に抜けてしまったのである．そしてその後の様子を観察したが，皮膚は健康のように見え，そこには痛みや他の病気の兆候は見られなかった．これは一体どんな効果なのか，今までにこの効果についての発表がないので二人共しばらく考え込んでしまったが，しかしこの小さな出来事はある示唆を持っているかもしれないと思った．それはX線には未だ解明されていないことが多くあるからである．これを聞いたジャーナリズムは，針を使って根毛に電流を流し脱毛する方法は知られているが，X線によっても脱毛が可能であり，これを利用すれば髭を剃る手間が省けると楽観的なことを言っていた．

ウィーンでは最初にX線発見の新聞報道を手掛けたということもあって，その後の活動はドイツより活発に行われていた[28]．レントゲンの友人で，発見の別刷を送られたF. エクゼナーを中心に，エグゼナーの弟でウィーン大学医学部生理学教授であったジクムント・エクゼナー（Sigmund Exner），そしてウィーン王立ゲージ，写真，複写試験所など，医学，物理，写真の三者が協力してX線の医学への応用を押し進めていた．その中のメンバーの一人は奇妙なことに関心を持っていた．それはX線写真を多く撮影したあるアメリカの技術者の髪の毛が抜け落ちてしまったという新聞記事を読んで，事実かどうか実験して確認してみたいと思っていた．それはX線の生物学的効果が病気の治療に役立つ

のではないかと考えていたからである．その新聞記事というのはダニエルが失敗した頭部撮影のことであった．

その臨床試験の照射体となったのは首と背中に獣のような皮膚をもった少女で，両親はこの少女の体毛が抜けることを切望していた．図 4・29 の左は照射前，右は照射後である．照射は毎日 2 時間，10 日間続けられた．それから数日後，照射した首の辺りに円形の毛のない部分ができた．照射は成功したのである．これがウィーンにおける最初の X 線治療への応用であった．この後ウィーンは X 線治療の誕生の地として理学療法の基盤となった．

図 4・30 はウィーンで撮影された世界で最初の血管造影写真で，造影剤は銀の化合物を使用し，死体の動脈に注入した．この写真は 1896 年 1 月 17 日に展示された．

この後のウィーンにおける X 線の医学への応用はすばらしいもので，世界中から研究者がウィーンへ留学した．1898 年にはウィーン総合病院にレントゲンセンターが設けられ，これが現在のウィーン大学中央レントゲン研究所である．1904 年には独立した科となり，個々の研究分野は明確に分けられるようになった．

　ホルツクネヒト（Holzknecht）：内科的な病気の診断分野で研究
　キーンベック（Kienbock）：骨関係の診断分野について研究
　フロイント（Freund）：X 線治療の問題について研究

ホルツクネヒト，キーンベック，フロイントらの容易ならざる努力によって放射線医学の初期の基礎は確立された．これによって僅か数年間の内にウィーンの放射線医学者達の学問的な情熱，精力的な研究活動，犠牲的勇気が各科の発展に大きく寄与した．今日の進歩した放射線医学は，その人々の習得した基礎の上に積み上げられたもので，これなしで放射線医学の研究や著作はありえない．

日本における放射線医学の開祖と言われる藤浪剛一（1880～1942 日）は 1909 年ホルツクネヒトに師事，浦野多門治は 1913 年同じくホルツクネヒトに師事した．

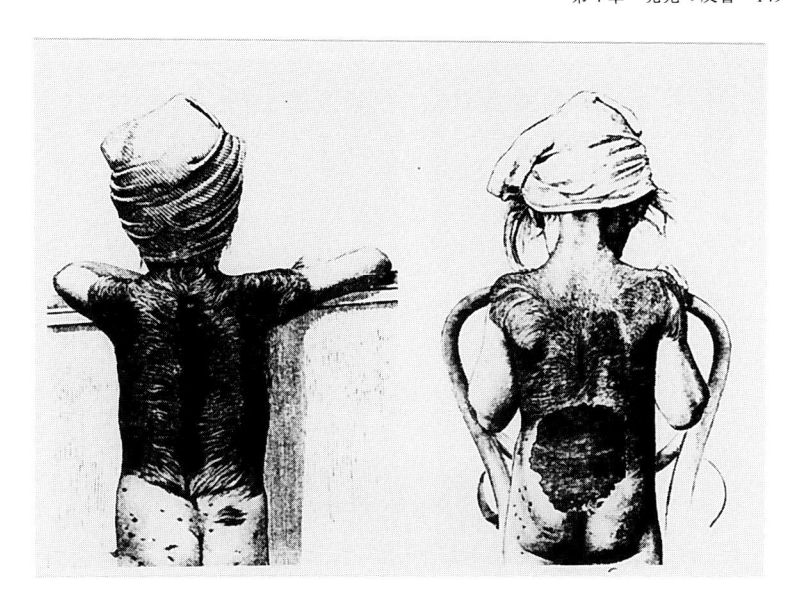

図4・29 左は照射前,右は照射後で最初に照射が成功した症例[28]

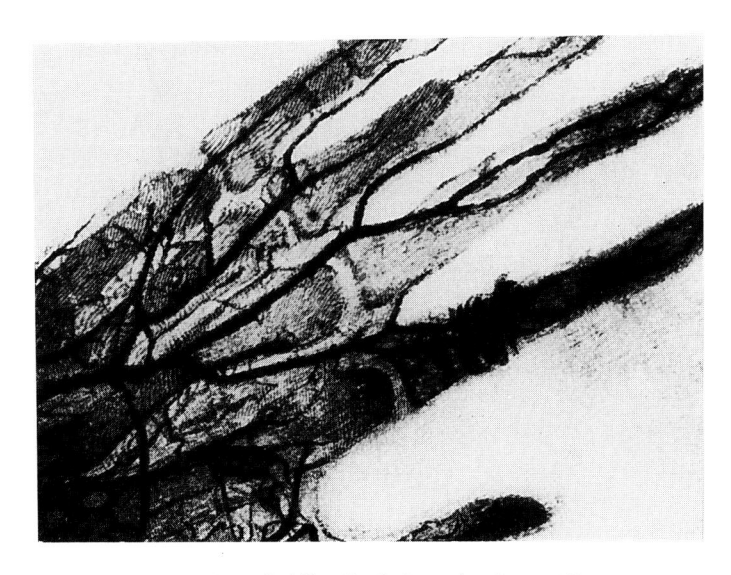

図4・30 最初の血管造影X線写真(1896年1月17日)[28]

図 4・31 は 1898 年頃,手の撮影を行っているものであるが,X 線管の遮蔽はまだ全く行われていない[2].

図 4・32 は 1900 年頃の X 線室を再現したもので,X 線の遮蔽は全くなく,高電圧も露出している(レントゲン博物館,1981 年撮影).

1897 年 5 月,アメリカのモートン(W. J. Morton)は 1 枚のフィルムで全身の X 線写真撮影に成功した.発見の発表後 1 年半たらずで全身の X 線写真が写されたのである(図 4・33)[45].

この写真は当時大変な話題となった.フィルムは 180 cm × 60 cm でイーストマン・コダック社に特注したものであった.被写体は 30 歳の女性で,身長 160 cm,体重 55 kg,コルセット以外は普通の着衣のまま撮影された.電源は直流 117 V(当時はまだほとんど直流送電であった),誘導コイルとの放電距離は針端ギャップで 13 cm(推定 100 kV 程度),X 線管はフォーカスチューブを使用したという.このことから管電流は 5 mA 程度ではなかったかと推測される.撮影距離は約 140 cm,撮影時間 30 分,ただし陽極が過熱されるため,その間に 1 分間の休止を数回行っている.このように書かれているが,30 分間同じ姿勢で立っていることは一寸困難で,実際には被写体を臥位で撮影したものではないかと思われる.

図 4・34 は 1900 年頃,足関節の透視を行っているものである.当時は撮影より透視の方が容易に行えたので,この方法が普及した.しかし X 線の防護は何も行われていない.

図 4・35 は 1901 年,胸部透視を行っているものである.図の左側には静電装置が置かれており,電動式と思われる.被検者の前には丸裸の小さい X 線管が見える[46].

一方,X 線治療も 1896 年 2 月頃から既に始められた.これは人体を透過する程の強力な作用を示す X 線であるから,これを腫瘍に照射すれば,大きな効果が得られるのではないかという期待があった.この頃はまだ X 線装置の高電圧は低かったのでほとんど表在治療であった.しかし生物学的作用もまだ全くわからないうちに行われたので,当初の大きな治療効果の期待に反して,多数の患者が水疱,潰瘍などの X 線障害を起こした.図 4・36 は乳癌の X 線照射を行っているものであるが,X 線管にフィルターはなく,遮蔽も全く行われて

第4章 発見の反響 151

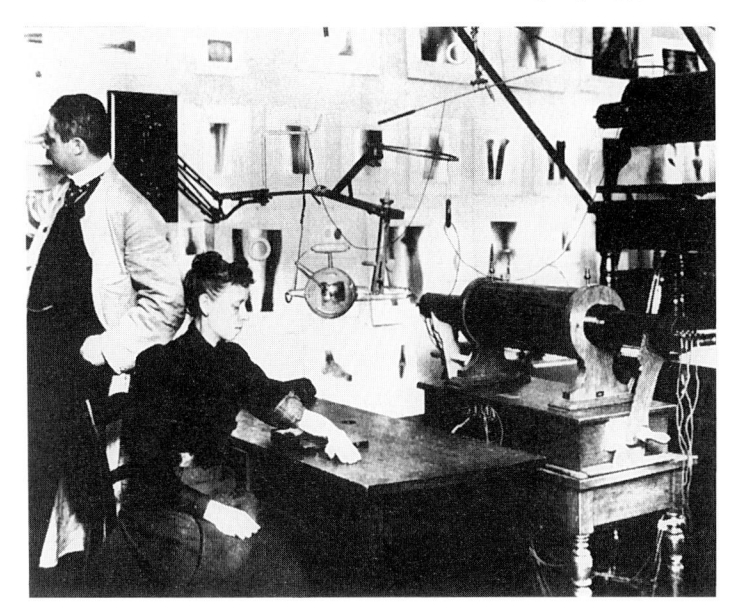

図4·31 手のX線撮影（1903年）

図4·32 1900年頃のX線室を再現したもの．
　　　　（レントゲン博物館，1981年撮影）

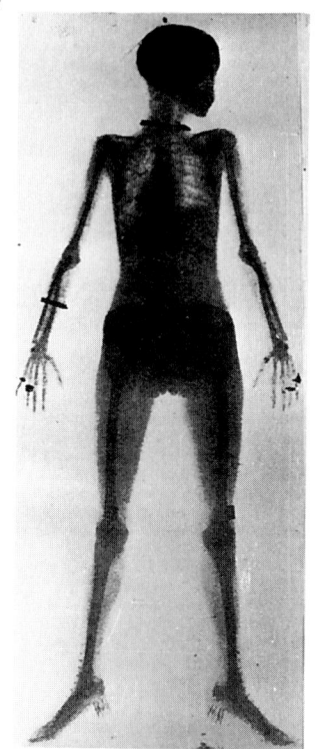

図4・33 1897年,モートン(Morton)が撮影した全身のX線写真 [39]

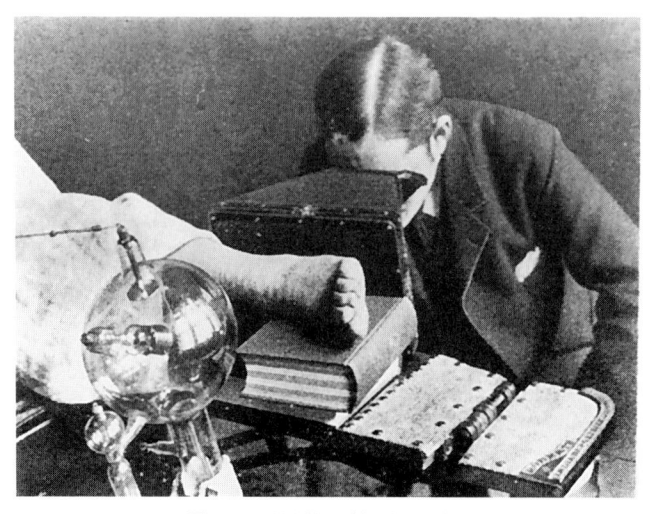

図4・34 足関節の透視(1900年頃) [1]

第4章 発見の反響 153

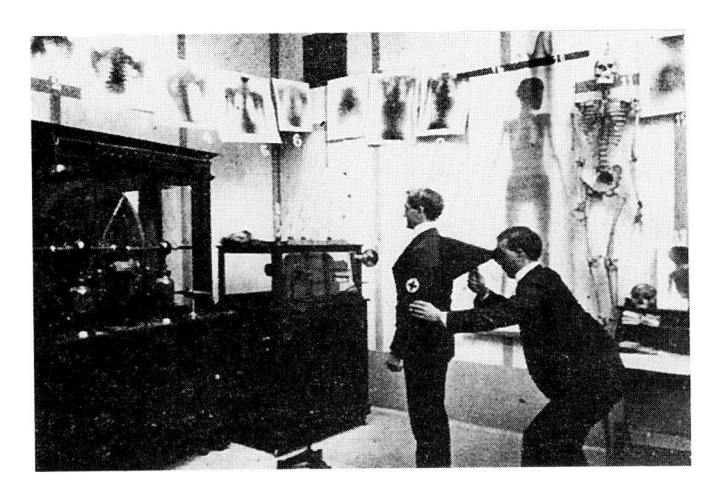

図4・35 1901年頃で胸部透視を行っているもの[40]

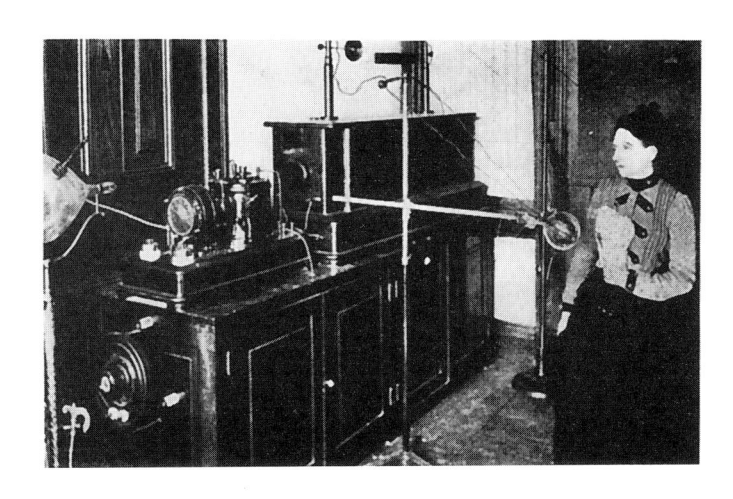

図4・36 乳癌のX線治療（1902年）[40]

いない．X線防護の必要性が認識されてくるのは1905年頃からである．

　X線発見当初，大きな期待がもたれた医学面への応用も，X線の基礎的な物理学，生理学的な性質の解明やX線写真技術の確立がなされぬうちに，これを具体的に進めようとしても無理な話で，初期の頃は試行錯誤の繰り返しであった．基本的な面が明らかになるのは1900年以降であるが，徐々にしかし確実に進歩して行った．

4.4　一般社会への反響

　一般大衆においても，生きた人間の体が透けて見えるという魔術のような話は，物理学者や医学者の研究とは別に大変な興味を呼び起こした．そしてジャーナリズムにとっては絶好の話題となったが，その内容については正しく理解していないものや誇張されたものが多かった．

　ジャーナリズムを含め，一般大衆が最もX線写真を誤解していたのがX線像の成立であった．1896年3月27日付のエレクトリカル レビュー誌（Electrical Review）に図4・37のようなX線写真の撮影法を説明した記事がようやく掲載された[47]．しかし，この記事は電気技術者を対象にしたもので，一般紙の記者達はまだ一般写真とX線写真の成立を混同していた[43]．図4・38は1896年2月27日付のライフ誌（Life）に掲載されたもので，「新しいレントゲン写真」（"New Roentgen Photography"）ではこのような写真が撮影されると書いてある[12]．それは写真というものはカメラで撮影するものであるから，X線写真もX線カメラのようなもので撮影するであろうという勝手な発想からこのようなことになったようである．したがってその写真は図のように骨だけになる．ジャーナリズムはかなりの期間，現在の我々が見ると荒唐無稽としか思えないような記事を誇張して書き，大衆の興味を呼び起こした．

　図4・39はフランスの雑誌ラ ネイチャー（La Nature 1896年5月9日付）に掲載されたもので，X線が一般に応用されるとさまざまなことが起こると風刺した漫画である．この画の発想も前例と同じような考えである．

　　1.　レントゲン写真は不謹慎である．私生活は白日のもとに曝

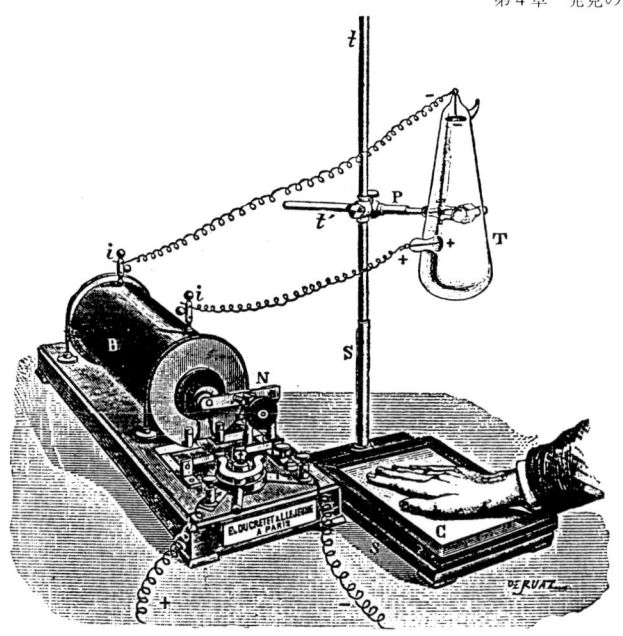

図4・37　初期のX線写真撮影法

図4・38　1896年2月27日の"Life"誌に掲載された漫画[11]

図4・39　1896年5月9日，フランスの"La Nature"誌に掲載された漫画[11]

される．これは誰でも X 線装置を持てば煉瓦の壁を透過して，どんな内容も完全に見える写真を撮ることができるので，もはや各家庭のプライバシーは存在しないことになる．

2．銀行の金庫の中にくもの巣が張っていないか調べるには便利な方法である．

3．大臣の書類カバンの中味は何であろうか？ X 線を照射すれば直ちに判明するだろう．

4．彼女はどんな夢を見ているのであろうか？ この秘密を明らかにすることはできないであろうか？

5．微生物との闘争においてレントゲン写真で敵の配列を見分ける力があるならば，X 線管の砲列でそれを粉砕することができないだろうか？
（細菌に X 線を照射すれば死滅させることができないだろうか？ この試みは極く初期に行われたが効果は認められなかった．）

6．君自身を見極めよ．しかる後，他人の胸中を観察せよ．
（X 線装置で照射されたら君自身も他の人も皆，図のように見えてしまう．）

7．人々の心の中は何を考えているのだろうか？

8．深遠な思想家の脳の洞察力はどのようにして出てくるのか？

9．怪しげなトランクがある．クルックス管で照らせばすぐに中味がわかる．

10．お前達がケーキをつまみ食いしたことはレントゲン線ですぐにわかるのだぞ．

11．不謹慎なレントゲン写真から逃れるための来るべき将来の唯一の可能性！ 明日からの流行はこれだ！ 鉛製の防御服にヘルメットを着用しなければならなくなるだろう．

この一連の漫画でわかるように，一般のジャーナリズムは 1896 年 5 月になってもまだ X 線写真がどのようにして撮影されるかを知らず，また可視光線と X 線を混同していた．

1. の家の中が丸見えになり，プライバシーが存在しなくなるという説は早い時期に専門誌に書かれたこともあって多くの雑誌に引用され，ほとんどの人がこの話を信じた．

それは1896年1月15日付のエレクトリカル エンジニア（Electrical Engineer）誌の「可視光線を使用しない写真」という論説で，それには次のようなことが書かれている．

可視光線を使用しない写真 [48]

レントゲン教授が電気的な放射線の作用で不透明物体を写真撮影することに成功したという発表は当然のように世界中の注目を引きつけた．

（中略）

いずれにしても，この事実の確立はさらに広範囲にわたる影響の可能性を開いた．そして科学や技術に直接的に応用できることは間違いないが，実際の使用に当たっては法令の制定によって，この発見の応用を制限する必要が出てくるだろう．

それは電信によって伝えられたことが事実であれば，もはや各家庭のプライバシーは存在しえないからである．それは誰でもこの装置を持てば，煉瓦の壁を通してどんな内容も完全に見える写真を撮ることができるからである．したがって今後の家は壁に加えて防X線スクリーンを設けなければならなくなり，抜け目のない発明家はこのようなスクリーンを工夫するために直ちに研究を始めるだろう．

2. 以下も発想は全く同じで，X線を金庫やカバンに照射すると何故中身が見えるのか，現在の我々の方が理解に苦しむ．9.ではX線を懐中電灯の光と同様に考えており，照らされた箇所が透明になり，見えると思っている．このようにジャーナリズムは1896年5月頃になってもまだX線像の成り立ちがわからなかったようである．

しかしX線像の透視法は1896年2月頃には発表されている（図4・16）．そ

して撮影法についても3月には図4・35のように説明された記事も書かれていることから，ジャーナリズムは大衆の興味をあおるのが目的で，このように誇張した記事を書き続けたのかも知れない．

そのため一般大衆も研究者とは別にX線について大変興味を持つようになるが，一方，何でも見透かされてしまうという不安感を持つようになる．抜け目のないロンドンのある商社では早速「防X線下着発売」の広告を出した．

X線で商売

正直必ずしも最良の商策ならずとされているロンドンで聞いたところによると，ある商社では防X線下着売り出し広告で，無知なご婦人方の財布を絞り上げようとしている．（Electrical World, 27, 339, March 28, 1896）

アメリカではポケットに入る小形のX線装置が発明されたとか，X線メガネと称するX線を発生する特殊メガネが発明されて，これをかけると全てのものが透けて見えるということが伝えられた．これを聞いたニュージャージー州の議員は「今後劇場においてX線オペラグラスの使用を禁止する」という議案を上程した．

X線オペラグラス

2月19日，サマセット出身のリード議員がトレントンの議会で，劇場でのX線オペラグラスの使用を禁止する議案を提出した時，ニュージャージー州中，大笑いであった．（Electrical Engineer, 21, 216, Feb 26, 1896）

楽しい時

昨日，君を振った女の子を食事に誘った時，君は何を考えますか？（図4・40）

この場合の実際の中味を知りたいという読者のために，我々はこの仲間たちの絵を発表する．

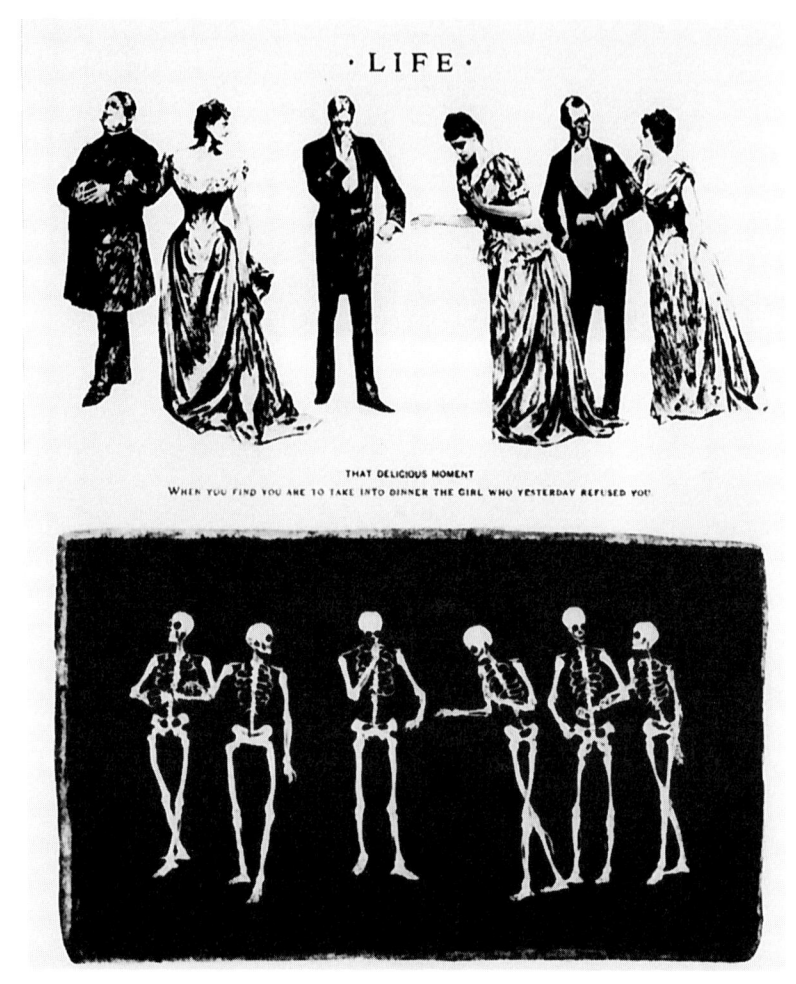

図4・40　最新式の写真撮影法で撮影すると（下）のような画になるらしい．

最新式の写真撮影法で現像したときの未来の技術の可能性を示すのに興味がある．我々の目的をうまい絵にしたライフ誌からよく知られたものを選んだ．

奇妙な発見

ペルシャ王の Kal-Y-Jula は彼の全ての佞臣達をレントゲン線で写真を撮らせた．しかし十分な時間，露光にしたにもかかわらず，誰も背骨は写っていなかった．

科学の勝利

ホーフブロイハウス（Hofbrauhaus）[*1] の常連である飲べいの学生が自分の心臓をレントゲン線で写真撮影させたら，その中に HB の文字が現れた（図 4・41 上）．（図 4・41（下）は，ホーフブロイハウスである．）

（図 4・42 は）歯をむき出した骸骨が彼女の隣に座っている．2 つの写真はレントゲン教授の新しい発見の有りうべき驚きを表している．

（図 4・43 は）ファルスタッフ[*2] の衣装もレントゲン線ではこのように見える．（なぜ衣装だけ透けて見えるのか不思議である？）

現在では考えられないような大衆の不安感も時が経つにしたがって事実が正しく認識され，次第に解消されて行った．一方，医学への応用が進み，その実績が積み重ねられるにつれ，大衆は X 線が医学を通じて人類に計り知れない貢献をしていることを知ることになる．

―――― *Note* ――――

[*1)] バイエルン王国の宮廷用ビールを醸造していたミュンヘンの有名な大ビアホールで，全部で 5,000 席ある．ヒトラーはここで旗揚げした．
[*2)] ファルスタッフはオペラ"ウィンザーの陽気な女房たち"に出てくる人物で，ほら吹きの肥満した騎士．

図 4·41　科学の勝利（上）心臓に HB の文字が現れた．
　　　　（下）ホーフブロイハウス（略して HB）1923 年ヒトラーはここで旗揚げした．

第4章　発見の反響　163

図4・42　骸骨が彼女の隣に座っている．

図4・43　ファルスタッフの中身もすぐ分かってしまう．

4.5　日本における初期実験

　X線発見の報は文明のあるところ，電信によって1週間以内で伝えられたと言われれているが，日本に発見の報がもたらされたのは2月中旬頃と思われる．当時，ヨーロッパと日本の通信連絡は大北電信会社（The Great Northern Telegraph Company デンマーク）のシベリア経由－ウラジオストック－長崎と，ロンドン－シンガポール－香港－上海を結ぶ大東電信会社（The Great Eastern Telegraph Company 英）に同じく大北電信会社の上海－長崎間が接続され，2回線あり，共に1871年（明治4年）に開通した（当時まだ国内の電信線は工事が始まったばかりで，外国回線の方が先に開通した）．しかし財政難の明治政府は全ての工事費を大北電信会社に委ねたため，当時の電信料はロンドン－ニューヨーク間を結ぶ大西洋回線とは比較にならない法外な料金であった．そのため，外交上の連絡，高額の貿易取引程度にしか利用されなかった．1874年（明治7年）頃，米価1石当たり5円であったが，日英間電報料金は1通（20語）30円であった．現在の米価は1kg当たり500円として電報料金を計算すると，1通（20語）で45万円となる．したがってデイリー クロニクル誌のX線発見の電文を日本に打ったとすると約260語で585万円となる．このように当時の日本の新聞社では電報料があまりにも高額で，科学上の発見程度のニュースでは電報で送れなかった．1897年（明治30年）になって漸く低額新聞電報の取り扱いが始まったのである[49]．また当時は日本からの特派員はいなかった．そのためイギリスのロイター電を数社合同で受けていた．このようなことから日本にX線発見の情報が伝えられたのは，1月中旬にドイツで発行された雑誌が船便で日本に到着した2月中旬頃であった．そしてその雑誌の記事を最初に紹介したのは2月29日付の東京医事新誌で，「不透明体を通過する新光線の発見」と題してその概要を記した．図4·44は日本における最初の報道である[50]．

　同じ頃もう1通の発見の報が日本に届いていた．これは当時ベルリン大学に留学中であった長岡半太郎が発見の報を聞くや直ちにその概要をまとめて日本に船便で送ったもので[31]，この報により何人かの物理学者は東京医事新誌の紹

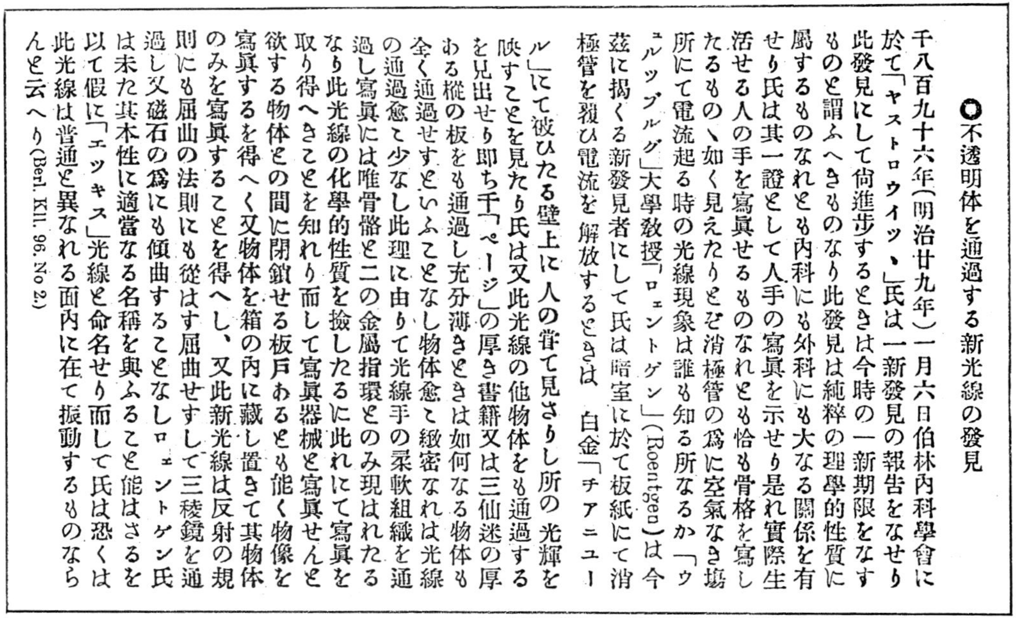

○不透明体を通過する新光線の發見

千八百九十六年(明治廿九年)一月六日伯林内科學會に於てヰストワフト氏は一新發見の報告をなせられり此發見にして尚進歩するものなれども此發見は純粋の理學的性質に屬するものなれども氏は其一證として人手の寫眞を示せられ是れ實際生活する人の手を寫眞せるものなれども恰かも骨格を寫し出したるものの如く見えたるものぞ此極管の為空氣を出し盡したる所に於て電流を通せし時の光線現象は誰も知る所なるが「クッルックス」大學教授「ロェントゲン」(Roentgen)氏は今

茲に掲くる新發見者にして氏は暗室に於て板紙にて極管を掩ひて電流を解放するときは白金「チアニー」板ニンに映ずるを見出せるものなりち千二メートルの距離以上にても彼は之を見たり又氏は光の他物體を透過するを見たり氏は又此光線の他物體を透過して椴の板を通過し光反射すことなきを見たりし此現象を由りて氏は物體を厚さ幾千米に迄送るも如何に綿密なる組織を有するも光線を通過するに一消二消失るを得べく又物體を箱の内に藏すに寫眞にては此物體も寫眞せられ居る

を取り得べし欲する寫眞するのみを寫眞することを得べし又物體と寫眞板との間に閉鎖せる金屬指環と骨盤又凝集し光線を通せる理によって寫眞器械にて由來全く通過せざるも少しく通過して寫眞に得ぐるも此光線の化學的性質を検したる所にては普通此光線と異ならず屈曲の法則にも從はず屈曲も盛んに未だ其性質に適當なる名稱を與ふること能はざるものによりて氏は假に「エツキス」光線と命名せられぬ而して氏は恐らくは之を反射し三稜鏡にて三面に在て振動することを能はさるものなるらん

と云くり (Berl. Kli. 96. No 2.)

図4·44 日本における最初のX線發見の報道 (東京医事新誌，明治29年2月29日)

介以前にX線の発見を知り，この実験に取りかかっていたものと思われる．

　最初に実験に成功したのは帝国大学理科大学（現 東京大学理学部）教授の山川健次郎と助教授の鶴田賢次で，それは3月中旬であった[47]．

　その後，続いて第一高等学校教授の水野敏之丞，山口鋭之助も実験を行い成功した[48]．水野は多くのX線写真を撮影し，5月「れんとげん投影写真帖」として出版した．図4・45は写真帖の表紙の写真で，水野らが使用した装置一式と思われる．図4・46は水野らが撮影したX線写真である[51]．

　4月末には"写真大尽"とうたわれた玄鹿館の鹿島清兵衛[*1]が実験に成功し，5月11日には新橋の料亭で大日本写真品評会の公開実験を行った[55]．鹿島清兵衛は多くの写真機材はもちろんのこと，理化学機械をも外国から購入していたようである．日本においてX線発見の報が一般に知られるのは3月初旬である．もし鹿島が発見の報を聞いてX線写真に興味をもち，外国に装置一式を発注したとしても4月中旬までに輸入されたとは一寸考えられないので，鹿島は写真の道楽だけでなく，陰極線の実験にも興味があり，X線発見以前に実験装置一式を持っていたことになる．これは日本における最初の公開実験であった．この後，5月22日，帝国大学理科大学で開かれた日本写真会で山川健次郎が講演と公開実験を行った．

　4月には済生学舎（明治中期にあった私立医学専門学校）の教授であった丸茂文良がX線実験に成功するが，これは鹿島清兵衛と共同で行った実験であった．丸茂は医科大学予備門（旧制大学予科）時代には東京物理学校（現 東京理科大学）にも学び，物理学についても造詣が深かった．丸茂は東京帝国大学医学科を卒業後，外科学を専攻，スクリバ（明治初年の東京帝国大学の御雇外人教師 外科学）に師事した．その後，済生学舎の教授となり，X線発見の頃は丸茂病院も自営していた．

　5月31日，「レントゲン氏の所謂X光線？　のデモンストラチオン」と題して講演を行い，公開実験も行った．この時の講演記録は済生学舎医事新報に掲載された．これから丸茂が当時レントゲンの"放射線の一新種"をどのように受けとめていたかを知ることができ，興味ある資料である[56]．

　丸茂は物理学にも深い興味があり，特に陰極線に関しては強い興味を持っていたことがこの資料から知ることができる．

第4章 発見の反響　167

図4・45　水野敏之丞などが使用したX線装置一式

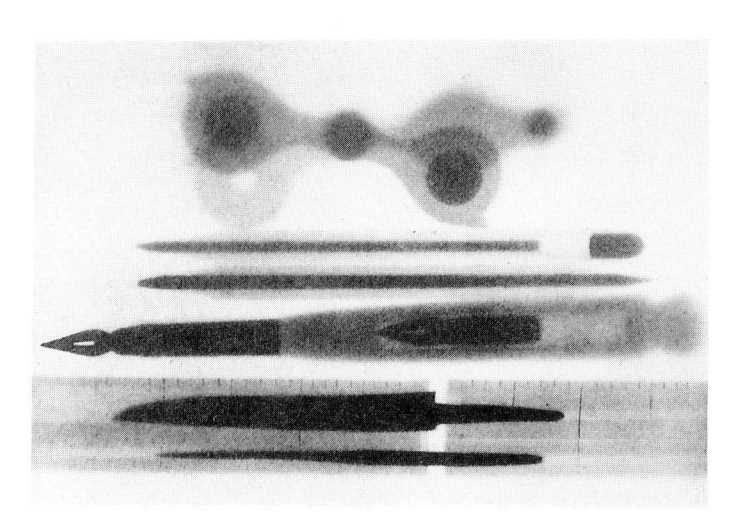

図4・46　「れんとげん投影写真帖」より．「小刀・鉛筆」など．
　　　　（明治29年5月）

既に2.2で述べたように，この頃は陰極線の本質をめぐって荷電粒子説と電磁波説が真っ向から対立していた頃で，丸茂はヘルツやレナルトの電磁波説を信奉していたようである．それはこの記録の中に荷電粒子説のJ. J. トムソンやシュスターの話は全く書かれていないからである．

興味あることは5.2で述べたように，レントゲンがX線の発見を発表した時，陰極線の研究者のほとんどがレントゲンの放射線は陰極線かその一種だろうと思っていたことである．丸茂もその一人で，講演記録のあちこちにそのことが書かれている．

1)「X光線の「デモンストラチオン」X光線？という「？」をくっ付けたのは意味がありますというのはレントゲンという奴が（大笑）或は先生が，本当に自分で光線を発見されたかという疑いを起こしました」（以下略）

2)「レントゲン氏のいうヒットルフ氏，クルーケス氏，レナルト氏の管中に強いルムコルフ氏の感傳（誘導コイル）で電気を通ずると今日やかましくいうX線光線が出来て暗室中の蛍光体を発光せしめ，また不透明物体を透かし写真に映ず」とレントゲンは言っているが，「陰極線が薄い金属を透過するということは既にヘルツやその弟子のレナルトにより綿密に報告されており，目新しいことではない」と述べ，5.2のスウィントンが1月23日付のネイチャー誌に発表したこととほとんど同じような内容を話している．

3)「X光線の「デモンストラチオン」ですが，所謂X線をあてるとその像を写し出すということのみではレントゲン以前に実験があり，別に新発明のことではありません」（図1・33，レナルトの窓付放電管の写真作用のことと思われる）．

4)「レントゲン氏は光線の新種類と題して17個条を述べ，其の中，色々有りますが，中には先輩と一致し，取るにたらぬ個条がある」と丸茂は話している．しかしレントゲンはX線を発見したとき（1895年11月8日），この新しい放射線は陰極線と全く異質なものであることを知るが，写真作用，蛍光作用そして物質の透過作用など一見，陰極線と同じ作用もあるため，この後約7週間この新しい放射線と陰極線の相違点について研究し，X線が陰極線とは全く異質なものであることを確認して12月28日付で発表したのである．これは翌

年2月,ベクレル(H. Becquerel)による自然放射能発見の発表[*2]と対照的で,レントゲンは発見の優先権より新事実の確認を選んだもので,レントゲンの慎重さとその人柄をも推測できる.

5)「陰極線は磁場で偏向されるが,X線は偏向されないのが陰極線と本質的に異なる所であると先生の根拠として大威張りで取っ捕まえて動かさないところであるが,レナルト氏の研究の中にあるように陰極よりいろいろな種類の光線が出ているに違いないと言っているので,私がその中をとって「レントゲン氏の言う所の光線」というのは陰極線の中に人間の肉体を透し,骨を透さずして磁石に傾斜せざるものがあるだけと言っておけば宜しいのに,自分のいわゆる「X光線」だと言っている.何もそう威張らなくても宜しいと思う」(しかし少しは自慢して宜しい).

当時の日本において陰極線に関してかなり深い知識をもった丸茂にとって,人体の透過写真が写るということだけでレントゲンの「X線」が世界の話題となっているのが,何んとも面白くなかったように思える.

図4・47は丸茂が公開実験に使用したX線装置一式で,鹿島清兵衛から借りたものと思われる.図4・48は公開実験で撮影されたX線写真である.

この頃,既に陰極線の荷電粒子説の理論付けは着々と進んでおり,一方,X線は陰極線とは全く異質な電磁波であることが定説になってきた.丸茂がこれらのことにいつ頃気付いたかはわからないが,X線の実験はこの後行っていないようである.

当時,第三高等学校教授だった村岡範為馳(図3・19)はレントゲンのX線発見の報を聞いたときは正に感慨無量であったと思われる.

それは18年前,シュトラスブルク大学へ留学中,クント教授のもとで指導を受け,1879年には半年程であったが,その頃,助教授であったレントゲンの講義を聞いていたからである.村岡は直ちに自分もX線実験を試みたいと思ったが,当時第三高等学校の物理学科には陰極線に関する実験装置は何もなかったため,理化学機械を製造していた島津製作所の協力を求め,創始者である島津源蔵らと共同して研究を開始した.

しかし,島津製作所においてもその頃は小形の誘導コイル,排気不十分なク

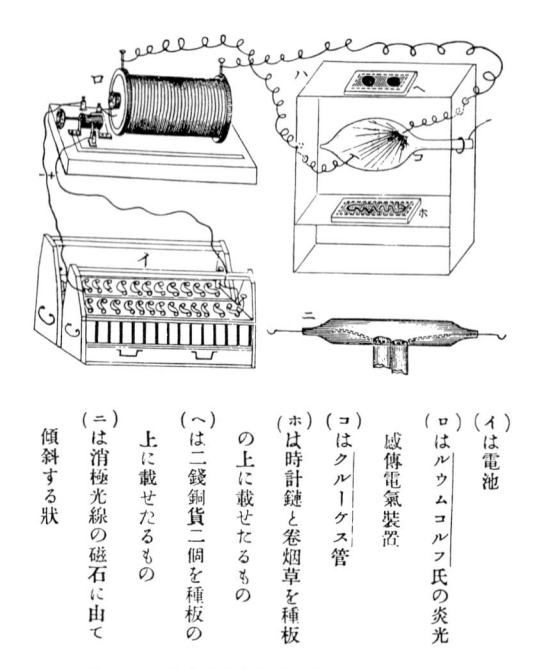

(イ)は電池
(ロ)はルウムコルフ氏の炎光感傳電氣裝置
(ハ)はクルークス管
(ホ)は時計鏈と巻烟草を種板の上に載せたるもの
(ヘ)は二錢銅貨二個を種板の上に載せたるもの
(ニ)は消極光線の磁石に由て傾斜する狀

図4・47　丸茂文良が使用したX線実験装置一式
(1896年5月31日)

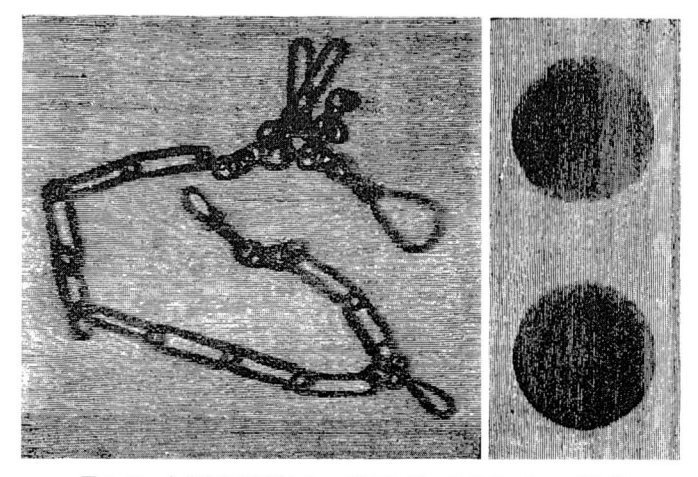

図4・48　丸茂文良が撮影したX線写真（左：時計鏈，右：二錢銅貨）

ルックス管しかなかったため，実験はなかなか成功しなかった[50)]．

7月9日，村岡は京都で「レントゲン氏X放射線の話」と題して，主に小中学校の教員を対象に講演を行った．この講演記録は翌8月出版されたが，これは日本で最初のX線に関する解説書であった[53)]．

その内容は，1) レントゲンのX線の研究概要，2) 波動についての説明（村岡は音響学が専門であった），3) 陰極線についてヒットルフ，クルックス，レナルトに至るまでの研究経緯の解説，4) X線写真の成り立ちを説明し，X線写真の撮影例の展示，5) X線の本質，J. J. トムソンによるX線の電離作用，ベクレルによる自然放射能の発見についても紹介している．

図4・49は撮影の様子を示したものであるが，この時点ではまだ撮影に成功していなかった．

10月10日，村岡，島津らは直径1mのウィムズハースト起電機を用い，これをモーターで回転させ高電圧を発生させた．放電管はドイツに留学していた笠原光興がドイツから持ち帰ったクルックス管を使用した．モーターを回転すること数十分にして漸く一円銀貨のX線写真撮影に成功した[57)]．

図4・49　手のX線写真撮影（村岡：レントゲン氏X放射線の話）[45)]

その後，島津製作所ではX線誘導コイル（放電間隙20 cm：推定100 kVp）の開発に成功し，1897年には実験用X線装置を実用化した．

このように，X線の発見が発表された1896年に日本においては4グループ（鹿島と丸茂を共同研究と見なす）のX線実験が行われた．しかし，これらの人々のほとんどは一応のX線実験に成功するとまたそれぞれの自分の専門分野の研究に戻り，その後の発展はあまり見られなかった．

山川はアメリカのエール大学に留学し，土木工学を専攻，帰国後外人教師に代わり，東京大学理科大学の日本人として最初の物理学教授となり，後に東京帝国大学総長，貴族院議員となった科学行政家であった[58]．

水野はドイツ留学後，京都大学教授となったが，電波に関する研究が専門であった[58]．

村岡はX線の実験に成功した後，蛍の光の中にX線のような放射線が含まれているのではないかと研究したが，残念ながら期待した放射線は認められなかった．X線について1896年に発表された論文は膨大なものであるが，日本人の論文としてはこれが唯一で，Annalen der Physikに掲載された．その要旨はO.グラッサーの著書にも取り上げられている．

当時のユーモアに見るレントゲン線の発見
(Die Entdeckung der Röntgen-strahlen im zeitgenossischen Humor.) [12]

蛍の光もまたレントゲン線と関係づけられた．物理学雑誌（Ann. Physik）に村岡（von H. Muraoka 日）の論文が見られる．

村岡はボール紙や銅板で濾過して得られた蛍の光はレントゲン線あるいはベクレルの放射線に似た特性を持っていて，蛍の光は紫外線とレントゲン線の中間的な性質を持っていると述べたが，その後の調査で誤りと判った．

その後，村岡も専門の音響学の研究に戻った．継続してX線の研究を行い，X線装置の開発を進めたのは島津製作所のみであった．

―――― *Note* ――――

＊1) 鹿島清兵衛（1865～1924）：東京の酒問屋鹿島屋の8代目の主人．土蔵の奥

にしまい込んであった湿式写真器を見つけたのが動機で，写真道楽にのめり込む．写真師の所に入門して写真術を学んだ．清兵衛は日本橋にある写真機材屋の小西本店（現さくらフィルム）を訪ね，早取り写真機と種板（写真乾板）一式を求めた．小西本店にとって清兵衛が写真に凝りだしたことは，鶴が舞い降りたようなもので，"南無鹿島大明神"と崇められ，毎日店員が御用聞きに伺った．清兵衛の写真道楽は益々本格的となり，酒蔵を一つつぶして暗室を作った．写真機の暗箱は全紙の 4 倍大（$0.91 \times 1.12 \text{ m}^2$）で，数十人の人夫に担がせて日光その他各地を回って撮影した．清兵衛の酔狂は益々つのるばかりで，世間を驚倒させ，海外にまでその名を轟かせた．

　ある日，馬車に大道具を満載し，前後を守る数十人の人力車に一人ずつ新橋の芸者を乗せた行列が道行く人を驚かせながら，東京・小石川の旧水戸藩庭園の後楽園に繰り込んで行った．この名園の池に平安時代の雅やかな船を浮かべ，十二単衣の美女を立たせ，一代の驕児はシャッターを切ったのである．この光景はロンドン・タイムズに伝えられ，その模様を伝えた．このため，ヨーロッパの写真界では「絶東半開の日本（明治 28 年の話なのでヨーロッパ人の認識はこんな程度）に S. Kajima あり」とその噂で持ちきりだったと言う．

　1895 年（明治 28 年）清兵衛は東京・京橋に玄鹿館という写真館を新築した．間口 18 m，奥行き 27 m，西洋風の 2 階建てで，当時まだ珍しいエレベータ付きの建物であった．客は西洋人も来るだろうと通訳まで雇った．また古今東西の衣装を揃え，客の好みによって芝居の扮装まで引き受けた．スタジオには 2,500 燭光の大照明電灯が用意され，これが自慢だった．従業員は男女合わせて 80 名もいたと言うから，当時としては大変な写真館であった．玄鹿館には美術品の展示場や豪華な設備があり，物珍しさに多くの人が来たが，採算は全く合わなかった．

　1896 年頃から鹿島屋の内部，親戚一同から鹿島屋の先が思いやられると心配の声が出るようになり，養子だった清兵衛は親族会議の結果，ついに鹿島屋から追放されてしまった．

　かくして清兵衛は京都，大阪と転々とし，そして東京へ戻ってくるが何をやっても失敗続きであった．1924 年（大正 13 年）一代の驕児，かつては写真界

の大スポンサーであった清兵衛は寂しくこの世を去った．享年59歳であった．

＊2）自然放射能は1896年2月，ベクレル（Antoine Henri Becquerel 1852～1908）によって発見された．これはX線の発見に伴う必然的な結果であった．

　フランスの数学者で物理学者でもあったポアンカレは1896年1月，十分に強い蛍光を発する物質は蛍光の他にX線のような放射線を放射するのではないかと示唆した．

　ベクレルは父の代から蛍光物質の研究者であったが，この話を聞き，各種の蛍光体を黒紙で覆った写真乾板の上に置いて数時間日光にさらし，それを現像した．その結果ウランの化合物がX線と同じように写真乾板を黒化する作用があることを発見した．ベクレルはこの結果を直ちに学会に報告した．その後もベクレルは同様の実験を行っていたが，天候が悪くなったため実験を中止し，ウラン化合物を乾板に乗せたまま机の引き出しに入れておいた．二，三日して天候が良くなったので，実験を再開しようとした．念のためそのままにしておいた乾板を現像したところ，数時間紫外線で励起したものより乾板は黒化されていたのである．ベクレルは驚いて実験を続け，このウラン化合物は紫外線の励起と関係なく放射線を発生し，そのエネルギーはどこから得られるのか判らないと訂正の論文を発表した．これが自然放射能発見の物語である．

4.6　栄光と中傷

　X線の発見が発表されたとき，人々の驚きは大変なものだったが，またいかさまな記事ではないかと思った人も大勢いた．それは不透明な物質はもちろん，人体まで透けて見えるという不思議な光線が発見されたという魔術のような話は，当時の人々にとって素直に受け入れられる話ではなかった．しかし10日，20日と日が経つにつれ，各地で物理学者による実験が伝えられ，レントゲン教授の発見は正しいということが証明されると，世界中の人々は今度は本当に驚いたのである．

　そして別刷を送った多くの友人，知人から御祝いと激励の手紙が送られてきた．その当時のことをマンチェスター大学のシュスターの娘のノラ（Nora H.

Schuster 英) は次のように語っている[59]．

　　寒い冬の夜，父を迎えに来た愛する若い妻や御者，馬を放りっぱなしにして，レントゲン教授から送られてきた論文を見た父は，2 回以上もその論文を読み，その論文に引き込まれてしまった．父が漸く出て来て，「ポントレジナの素朴な人間，レントゲンから驚くべき報せが来たんだよ」と弁解した．

　1896 年 1 月 7 日，マンチェスター大学で文学，哲学学会の定例会が開かれたが，その席上でシュスターは，ヴュルツブルク大学のレントゲン教授により明らかに新しい種類の放射線が発見されたことを述べ，送られてきたレントゲン夫人の手の骨の写真，その他を提示し，この放射線の重要性を明白な証拠によってイギリスの科学者に伝えた．

　イギリスの新聞は 1 月 6 日，ウィーンから送られた電報によるデイリー クロニクル紙の発表を受け，他の多くの新聞もこのニュースを報道した．1 月 8 日には発見のニュースはイギリスの科学界や一般社会にほとんど知られるようになる．しかし全部の新聞が発見のニュースを取り上げたわけではなかった．

　モーニング ポスト紙はレントゲンが発表したような現象は認められないと全く否定的な報道を行った．それはケンジントン科学博物館で実験を行ったが，レントゲンの言うような現象は全く見られなかったという結果に基づいて報道されたものであった．

　この頃，同じような報告がエレクトリシアン誌にも見られる．当時すでに陰極線実験用の放電管としてクルックス管は一般に販売されており，実験の都度，排気するのは面倒なため，普通はグロー放電が最もよく観察される 1〜0.1 Torr 程度に排気されたものが市販されていた．この程度の管内気圧での放電電圧はおよそ 1,000 V またはそれ以下で，X 線が発生する道理はないのであるが，これを知らない科学者も当時はかなりあったようで，それらの人々は皆，レントゲンの報告は嘘であると言っていた．

　医学への応用についてもその実用性について否定的な声もかなりあった．発見当時，手の指の X 線写真を撮影するのに 10〜20 分必要としたことから，

「頭部やその他厚い部分を撮影するには 1 時間以上かかるであろう．患者がこんなに長い時間，動かないでいることは不可能で，とても実用になるものではない」と思っていた医学者も多くいたことも事実であった．

また多くの手紙の中には「X 線は人類の滅亡を招くものだ」とか，人体が透けて見えるところから「道徳的に許せない」というようなものまであった．

このような話も 2 月末頃になると姿を消し，レントゲンは当時，世界で最も著名な人物の一人となった．そして各国からはレントゲンの大発見を讃えて多くの賞が贈られた．

1896 年 1 月 13 日，ドイツ皇帝ヴィルヘルム二世の前でレントゲンは X 線の実験を行い成功した．そして勲 2 等プロセイン宝冠章を授与された．同年の 4 月にはバイエルン宝冠章が授与され，貴族に列せられるが，von の称号は返上した．11 月，英国ランフォード賞をレナルトと共に受賞する．さらに多くの国の学会の名誉会員に推され，1901 年には第 1 回のノーベル物理学賞を受賞する．

このようにレントゲンは各国から多くの栄誉を贈られた（図 4・50）．

「出る杭は打たれる」のは何時の世も同じで，レントゲンの名声が高くなるとその成功を素直に喜べない人が出てくる．

最初の話は既に述べたスウィントンと同じで，「レントゲンの発見は新しいものではなく，レナルトの研究を一寸強力にしたに過ぎない」というものであった．レントゲンが第1報で陰極線と X 線の相違を明確に指摘しているにも関わらず，レントゲンの言う X 線はレナルトの陰極線と同一のもので，珍しいものではないと見られた．しかしこの話は多くの研究者の発表により，その相違が明白になるにつれ，次第に消えていった．

次の噂は最初の発見者はレントゲンではなく，助手のツェンダーであったという話である．しかしレントゲンが X 線を発見した当時，ツェンダーはベルリンにおり，この話はあり得ないことがはっきりした．すると今度はツェンダーがヴュルツブルク大学でレントゲンの助手として一緒に研究している頃，ツェンダーが一人でヒットルフ管を使って陰極線の実験を行っていたが，誤って過大電流を流したため，白金薄板の陽極が一瞬光ったが，直ぐに破損してしまった．この時，ヒットルフ管は黒い布で覆われていたにも関わらず，近くにあっ

第4章 発見の反響 177

　　　　　　　　　　ノーベル物理学賞（1901）
　　科学・芸術功績賞　　　　　　　バイエルン・マキシミリアン
　　　　　　　　　　　　　　　　　科学・芸術勲章
　　　　　　　　コロンビア大学賞
　　　エリオット・クレッセン賞（1897）　　　イタリア科学賞
　　　　　　　　　ヘルムホルツ賞
　　　図4・50（a）　各国からレントゲンに贈られたメダル・勲章

178

バイエルン宝冠功績勲章	バイエルン　サン・ミカエル一等勲章
	ルイポルト摂政宮
バイエルン宝冠功績勲章	バイエルン　サン・ミカエル一等勲章
	鉄十字
王室ロシア王冠勲章	王室イタリア王冠勲章

図4・50(b)　各国からレントゲンに贈られたメダル・勲章

た蛍光板が一瞬光り，そして消えてしまった．この時 X 線が発生し，ツェンダーは一瞬であるが蛍光板が光るのを見たというもので，したがって最初の発見者はツェンダーであったという話である．ツェンダーがヒットルフ管を使用して実験を行い，管を破損させたのはツェンダー自身が述べている[21]ので間違いないが，「私は蛍光板が一瞬光るのを見ただけで，それが何であったのか全くわからなかった」と述べ，高価なヒットルフ管（白金陽極管は当時としては珍しい）を破損させてしまったことを恐縮して謝っている．

次の話は用務員のマルスタラー（Marstaller）が陰極線の実験装置を準備し，通電した所，蛍光板が光るのを認め，この現象をレントゲンに伝えたというものである．これも一寸信じられない話で，当時高価であった放電管を使った装置を，準備するだけの用務員が放電装置の電源を入れ，動作させるということはとても考えられないことである．この話にはまだ後があり，マルスタラーの子供が「父が撮影した X 線写真を持っている」というような根拠のない話がまことしやかに伝えられた[12]．

レントゲンはこれらの雑音は全く無視し，反論もしなかった．

もしレナルトが X 線を発見したとしたら，このような中傷は出てこなかったと思われる．それはレナルトが陰極線の研究者として著名であり，X 線は陰極線の研究の延長線上にあったと考えられていたので，極く当然のこととして賞賛されたと考えられる．一方，レントゲンは陰極線に関する論文は一つもなく，陰極線の研究歴は 2 年程で，世界を驚嘆させる大発見を発表したわけであるから，いろんな中傷があっても仕方がないのかもしれない．しかしレントゲンが全く偶然に X 線を発見したという表現は，レントゲンの X 線についての第 1 報から第 3 報まで熟読することにより，使えなくなると著者は思っている．

第 5 章

レントゲンとレナルト

5.1 レナルトの性格と業績

　レントゲンとレナルトとの関係は既に述べた（3.1）ように，レナルトが 1894 年 4 月に発表したアルミニウム箔窓付き放電管（図 5·1）を使用し，空気中に陰極線を数 cm 放出させることに成功したという論文[25]にレントゲンは強い関心を持ち，レナルトの実験を追試してみようということから始まった．レントゲンは持ち前の器用さから，窓に張るアルミニウム箔があれば自作できるのではないかと，これの提供をレナルトに依頼したものと思われる．レナルトは自分の研究が認められて嬉しいと，手元にあったアルミニウム箔を 2 枚，早速レントゲンに送り，さらに「ミューラー社でこの放電管を製品化したようですので，そちらに問い合わせてみてください」と返事を書いた．

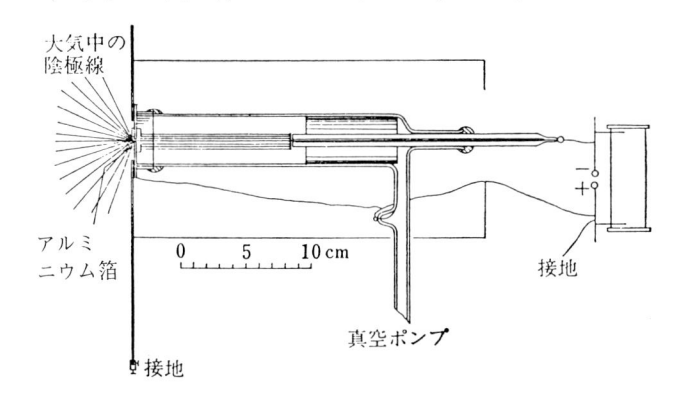

図 5·1　レナルトの実験（陰極線を大気中にとり出すことに成功した）

レントゲンは運が良かった．丁度その頃，ミューラー社ではこの放電管の製品化に成功していたので，レントゲンはレナルトが使用したものより遙かに漏洩の少ない放電管を入手できたのである．

この1年半後，レナルトは大変ショッキングな報告を聞かされることになる．レントゲンのX線発見の報道である．レナルトは内心はやられたと思ったに違いないが，レントゲンには御祝いの手紙を送っている．

「先生の偉大なる発見が，多くの分野に著しい注目を呼んだので，私のささやかな研究も脚光を浴びるようになりました．このことは私にとってもまた大変幸せなことです．また先生によって新しい光線が発見されたことは，私にとって二重の喜びです．」

さらにこの2～3年後の最後の手紙でも，先輩によってよく訓練された有能な助手の紹介を依頼していることから，この頃までは二人の間には特に不仲になった様子は見られない．レナルトからの手紙が来なくなり，レントゲンのX線発見に対してあからさまに反対の態度を取るようになるのは，レントゲンのノーベル賞受賞の頃からである．

X線発見の直後，その栄誉はレントゲンに与えられていたが，レントゲンがレナルトに一言も礼を言わなかったことや，栄誉を独り占めしていることが次第に面白くなくなってくる．しかし，レントゲンの求めていたものはそんなものではなく，自分が発見した放射線が今まで全く未知なもので，新しい種類の放射線であることを世界の物理学者が認めてくれること，そしてこの新しい放射線が人類に役立ってくれることを願っていたのである．また世間の評価が，X線の発見はレナルトの研究業績の蓄積がX線の発見に発展したものであるというように変わってくると，レナルト自身もX線の発見は99%自分が研究したものと思うようになる．ノーベル賞についても当然，自分とレントゲンの二人に授与されると思っていた．ところがその栄誉もレントゲン一人に与えられてしまった．この頃からレナルトのレントゲンに対する非難は決定的なものとなる．さらにレナルトの社会的地位が高くなるにつれ，この思いも激しくなり，1930年頃，レナルトはナチスドイツの科学者としては最高権力者となるが，レントゲンへの誹謗は忘れなかった．

レナルト（Phlipp Eduard Anton von Lenard 1862～1947）はオーストリ

ア・ハンガリー帝国（現スロバキア共和国）のプレスブルク（プラチスラバ）に生まれた[61]．

　父はワイン商人で，レナルトが家業を継ぐことを期待していたが，この若者は商売には興味がなく，ドイツのハイデルベルク大学で物理学を学び，1886年には博士号を取得した．その後3年間，．ハイデルベルクの研究所で助手を務めた．1890年，28歳のレナルトはイギリスへ移住したが，性に合わず僅か6ヶ月でドイツに帰国した．レナルトのイギリス人嫌いの根は，この移住の際に受けた傷が理由のようである．

　ドイツに戻り，しばらくの間ブレスラウ（現ポーランドのブロツラフ）で助手をやり，次いでボン大学で電磁波の研究で有名なハインリヒ・ヘルツの助手となった．ここで陰極線に関する重要な研究を行った．しかし師のヘルツが1894年に没してからは，自分の研究を中断して，ヘルツの最後の本の出版の面倒をみなければならなかった．ヘルツはユダヤ人との混血だったが，レナルトは一緒に研究する障害にはならなかった．それどころか学界での昇進についてレナルトが最も信頼していたのはヘルツで，この頃はまだ反ユダヤ主義はレナルトの考えの中にひとかけらもなかった．

　1895年，レナルトはブレスラウの理論物理学の員外教授になったが，そこでの実験物理学の研究設備は非常に粗末で，実験は中断され，レナルトは心の平静を失ってしまった．実験への思いが夜も眠れない程募り，レナルトはブレスラウの教授職を辞し，アーヘン工業大学の単なる助手のポストに就いた．

　このことはレナルトの個性をかなり明らかにしている．それは実験的研究への強い関心，問題の解決にあたっては根本的なやり方を採用すること，そして一匹狼であることの自認などである．

　しかしレナルトはアーヘンには1年しかいなかった．その後はハイデルベルクへ行き，理論物理学の員外教授を2年務めた．レナルトはハイデルベルクに着任する直前の1896年9月にイギリス科学振興協会の招きでリバプールを訪れた．レナルトはそこで陰極線の実験をイギリス人に披露した．彼らはレナルトの先駆的研究に非常な興味を示した．中でも特に興味を示したのがキャベンディッシュ研究所長のJ. J. トムソンであった．レナルトが得意顔で陰極線の実験をやっている時，J. J. トムソンは陰極線の荷電粒子説を証明する手段として

これを学び取ったのである．そして既に説明した（1.3）図 1・37 のような放電管を作り，陰極線が負に帯電した微粒子であると証明したのは翌 1897 年 8 月のことであった[18]．

1898 年，レナルトはキールの物理学教授となり，光電効果の研究を行った．その結果を 1899 年 10 月，ウィーンの帝国科学アカデミーの会報に発表した．後にレナルトは自分の研究結果のコピーを J. J. トムソンに送ったところ，J. J. トムソンはレナルトの優先権については何も述べずに発表した．

その後 1903 年に J. J. トムソンがレナルトの研究を引用した際，トムソンが注として挙げているのはレナルトの論文のオリジナルでの方ではなく，その後に再刊された方のみであった．こうして J. J. トムソンは光電効果の問題を最初に発表した人となった．

レナルトの怒りは大変なもので，この優先権について J. J. トムソンを告発した．そして終生トムソンを恨んだ．

レナルトは陰極線の研究により 1905 年ノーベル物理学賞を受賞したが，J. J. トムソンはその翌年の 1906 年，気体内電子伝導の理論と実験的研究によりノーベル物理学賞を受賞した．

レナルトはこの頃，精神分裂症の進行に苦しめられており，最も不快な事実は憎らしいイギリス人によってアインシュタインがもてはやされ，有名になっていることであった．

1907 年，レナルトはハイデルベルク大学の正教授に招請されたことを大変な誇りとしていた．45 歳であったが，この頃からレナルトの研究はもはや物理学の最先端の研究ではなく，また他の人が行った重要な発見も理解できなくなっていた．レナルトの今までの苦しい体験が，その創造力を彼自身が自覚し得た以上にひどく鈍らせていた．特に理論物理学に関してはひどく遅れを取っていた．レナルトは理論物理学を数学的知識を使用する学問だということで非常に不快に思っていたのである．

レナルトは 1912 年に 50 歳になったが，物理学研究のペースが急激に速くなり，自分の概念が時代遅れで研究の方法論も旧式であり，今や取り残された存在であることが理解できなかった．

レナルトは 1897 年に結婚していたが，彼は常に断固として一人でおり，ほ

とんど友人がいなかった．真の人間関係を築きたいと願いながら，それに失敗したことがレナルトの対人関係における並外れた主観的な考え方の多くを説明している．また，その欲求不満がレナルトを国家社会主義のための政治活動に駆り立てたということも十分考えられることである．

レナルトは大きな物理学的な業績を3つ残している．

その第1は陰極線の研究である．その中で最も著名な論文（1894年）はアルミニウム箔窓付き放電管を使用して陰極線を空気中に数cm取り出すことに成功した研究であった．この論文によりレナルトは陰極線の研究の第一人者として評価された．そして自分自身も陰極線に関しては最も進んだ研究を行っていると思っていた．

しかしその1年後，全く自分の守備範囲である陰極線を使って，レントゲンが未知の新しい放射線を発見したのである．レナルトにとっては大変な驚きであったに違いない．陰極線の研究の全ては自分がやってきたのに，その栄誉は全てレントゲンに獲られてしまったという思いがこれ以後，終生続くことになる．

第2は陰極線の本性についてである．レナルトは師のヘルツと共に電界による陰極線の研究を行っていたが，放電管内の陰極線は電界の作用を受けなかったことから，陰極線の本性は電磁波の一種であると発表した．当時，ドイツの物理学者の多くはこの説を唱えていた．一方，レナルトが終生憎んだキャベンディッシュ研究所のJ. J. トムソンは荷電粒子説を進めていた．ヘルツの実験で電界の作用を受けなかったのは残留気体分子が多かったためとわかり，管内の真空度を高くすることにより電界でも容易に偏向されることを確認し，陰極線の本性が負の電荷を持った微粒子（電子）であることを証明した．これはX線発見から2年後の1897年であった．このようにしてレナルトの電磁波説は否定された．

第3は光電効果である．レナルトはある種の金属に光を当てると荷電粒子が飛び出すことを詳細に研究し，この微粒子が陰極線（電子）と同じものであることを証明した．また物質によって，ある波長以上の光が光電効果を起こすことや，強い光を当てると飛び出す電子の数は増すが，個々のエネルギーは変わらないなどの現象の詳細を確認した．しかし，物質により光電効果を起こすエ

ネルギーが変わることや，光電効果を起こす最低エネルギーがあることなどの解明ができなかった．

これを解明したのがアインシュタイン（Albert Einstein 1879～1955 独）（図5・2）である．プランクの量子論を導入し，光は一定のエネルギーを持つ量子でできている．これが金属に吸収されて一定のエネルギーを有する電子を放出するが，光が強ければ放出される電子の数は多くなる．波長の短い光の量子はエネルギーが大きく，したがって放出される電子のエネルギーも多くなる．光の波長がある限界を越えて長くなると量子のエネルギーは小さくなり，電子を放出することができなくなる．

このようにアインシュタインはプランクの量子論を適用して光電効果を証明した．レナルトが最後まで説明できなかった光電効果は，彼が蛇蝎の如く嫌っていたアインシュタインによってその栄誉を持ち去られてしまった．

このようにレナルトは優れた実験物理学者であったが，3つの大きな栄誉を目の前にして受け取ることはできなかった．これはレントゲン，J. J. トムソン，アインシュタインらと比べたとき，洞察力，創造性にわずか欠ける所があったものと考える．

レナルトはこのようなことから，科学者としては珍しいヒトラーの国家社会主義にのめり込んで行くことになる．

1918年11月，第1次世界大戦のドイツ降伏はレナルトにとって大きな衝撃だった．また，ワイマール憲法および新政府が押しつけられたヴェルサイユ条約を受け入れたことにも失望落胆した．そしてレナルトにとって最も不快な事実は，アインシュタインをもてはやし，そして有名にしているのが憎らしいイギリス人であるという事実であった．レナルトは，アインシュタインの研究に積極的に反対したドイツの科学者の中では全く桁違いの実力を持っていた．

1922年，アインシュタインはノーベル物理学賞を受賞した．それは「理論物理学の諸研究，特に光電効果の法則の発見に対して」であった．しかしレナルトは大変不満で，ノーベル賞委員会に意義を申し立て，新聞にも公表された．しかし，アインシュタインの名誉を損なおうとするレナルトの努力は無駄であった．

1923年頃からレナルトは右翼の学生と密接な関係を持つようになり，ヒト

図5・2　アインシュタイン（Albert Einstein）

ラー支持の数多くの会合に顔を出すようになった．翌年にはヒトラーの運動に対し，公然と信仰告白し，その論文はバイエルンの地方新聞に掲載された．世界的に著名な科学者がヒトラーのために公然と声明を発表したことは，後々まで忘れられないことだった（図5・3〜5・6）．

　この頃，レナルトと同じようにヒトラーの国家社会主義の考えを強く持つようになった物理学者がもう一人いた．ヨハネス・シュタルク（Johanes Stark 1874〜1957 独）である．シュタルクはファルツ州のヴァイデンで生まれ，1894年，ミュンヘン大学で物理学を学んだ．1897年，23歳で博士号を取得し，さらに3年間助手としてミュンヘンに止まった．1900年，シュタルクはゲッチンゲンに行き，6年間その地にあった．実験の優秀さはこの頃から際立っていた．また近代物理学の概念の最も早くからの支持者の一人で，アインシュタインとは2年以上に渡り文通していた．

　シュタルクは5歳若いこの同僚を高く評価し，自分の研究に光量子の考えを最初に使用した物理学者であった．1909年，シュタルクはアーヘン工業大学の正教授となった．多くの創造的科学者と同様，シュタルクも自分の知的所有

図5・3　1918年11月　ベルリン，ブランデンブルク門で労働者，兵士の革命デモ．第1次世界大戦ドイツの敗北．

図5・4　1925年ヒトラー親衛隊の閲兵

第5章 レントゲンとレナルト　189

図5・5　1933年1月ベルリン市内をパレードするナチス突撃隊の行進．ヒトラー首相となる．

図5・6　1937年9月ベルリン市内をパレードするヒトラーとムッソリーニ

権や優先権には非常に関心を持っていた．しかしシュタルクは喧嘩好きで怒りっぽいひどく不快な調子で論争した．

　1913年，シュタルクは電場によるスペクトル線の分岐を発見した．いわゆるシュタルク効果である．

　1919年，シュタルクは陽極線のドップラー効果とシュタルク効果の発見によりノーベル物理学賞を受けた．

　シュタルクもレナルトと同じく政治的活動に関わるようになるのは，シュタルクの学問的方針が近代物理学の方針と相容れなくなってから直ぐ後のことだったことは重要なことである．シュタルクと物理学の指導者達との不和を助長したのは，第1次世界大戦の敗北とワイマール政府に対する不満であった．シュタルクが国家主義の考えを強め，アインシュタインの公然とした平和主義を疎んじるようになったことは確かである．

　1921年，シュタルクはヴュルツブルク大学の教授を辞職し，学界行政から手を引き始めた．しかし間もなく気が変わり学界に戻りたいと望んだが，以後12年間，学界に地位を得ることはできなかった．1923年，ヒトラーと出会い，ヒトラーに忠誠を誓ったが入党はしなかった．しかしその後，学界における先行きが暗いことを確信するや，政治活動に深く関わるようになり，1930年，ナチ党に入党した．

　一方，レナルトはハイデルベルク大学の教授職の辞職願いを提出し，自分の後継者にふさわしい人物としてシュタルクを推薦したが，多くの悶着の結果，シュタルクの推薦は駄目だったが，近代物理学とは無縁の人物が選ばれ，レナルトの本来の意志は満たされた．

　ヒトラーが権力を握った1933年にはレナルトは引退していたが，彼は自ら物理学における学術上の不均衡を正すことによって国家に貢献したいと考え，覚え書きを直接ヒトラーに送り，物理学の人事についての顧問として働きたいと申し出た．そして，「十分訓練を受けた真にドイツ的な人々は沢山いる」と．レナルトは自ら教育省に上申されてくる候補者を「点検し，評価し，必要とあればこれを拒否し，入れ替える」のを助ける用意があると書いた．この上申書は直ぐに認められ，レナルトはナチの科学者として最高権力者となった．そしてその2ヶ月後にはシュタルクが国立物理工学研究所の所長に任命された．シ

ユタルクの任命によりレナルトはナチ党第一の新聞に反ユダヤ主義の敵意に満ちた記事を載せ，悦に入る機会を得たのである．レナルトは当時，もっぱらユダヤ人（特にアインシュタイン）の誹謗，中傷を行い，ユダヤ系の科学者を追放した．このためドイツの科学者は70％程になってしまった．しかしレントゲンに対して存命中は講演では自分の優先権を述べたが，記述はしなかった．それは17歳も年長者で，かつては文通し合った仲であった遠慮があったのかもしれない．しかし，もっと年の若いシュタルクにとっては何の面識もない年老いた古くさい人物にしか見えなかったらしく，ナチの機関誌にはレナルトの代弁者として多くの中傷記事を書いた．

またシュタルクと同じようにレナルトによって登用された人物達もナチの機関誌に論評を書いた．「レントゲンは注目すべき研究は何もしていない．ハイデルベルク大学の偉大な科学者レナルト教授の研究の当然の結論をほんの僅か早く導いたに過ぎない」．このような記事が多く掲載された．

5.2 第1回ノーベル物理学賞

1901年，第1回ノーベル物理学賞はレントゲンに授与された．この選考内容については長い間公表されなかったが，1974年，審議内容が公表された[62]．

ノーベル賞の受賞者を審査するためにスウェーデン王立科学院は各国の著名な物理学教授に候補者の推薦を依頼した．推薦が終了したときには29票が集まり，12票はレントゲン，1票はレナルト，そして5票はレントゲンとレナルトの二人で賞を分け合うというもので，他に9人の候補者の名前が挙げられたが，これらは1票か2票であった．

特に注目すべき興味あることは，科学院に付属している専門家の諮問委員会である物理学部門の委員会は，レントゲンとレナルトの二人で等分に賞を分けるべきであると答申した．レントゲンは候補者の名前を提出するために招かれた科学者の一人であった．彼はロード・ケルビン（1824～1907 英）が多方面にわたる重要な研究を行ったことから，受賞にふさわしい候補者であると提言した．しかしケルビンの研究はかなり初期の頃行われたもので，規則により彼の功績は不適当であると判定された．

科学院は物理学賞を授与する権限があり，物理部門の委員会は送付された推薦書の審査と適切な受賞者についての提言を行う職務があった．委員会のメンバーは5名で，その会議においてはレントゲンとレナルトで賞を分け合うことを提言することに決定した．そして以下のような理由を述べた．

> レントゲンの発見は真に科学上の観点から大変重要なもので，その現象に関する情報の提供によって我々の知識は増大することになり，従来のことは我々の注目から完全に消え去り，科学の研究について思いもよらぬ可能性を提供する新しい分野が開かれている．またその実用的な結果も大変重要なものである．それ故，この発見は完全に正当性があると言うことができ，それは人類に偉大な奉仕を提供し，ノーベル賞を新しい放射線の発見者に授与することは創始者の努力と完全に一致しているものである．

それにも関わらず委員会は今回のノーベル物理学賞をレントゲンとレナルト教授の間で分けるという案を答申した．

> 「それは二人の科学者の功績を詳しく調べたとき，もし彼らの一人に授与しようとすればノーベル物理学賞を受けるのに最もふさわしい基礎研究について誰に決定するのか難しいことがわかる．その上，二人の科学者は個人的に相互に連絡を取り合っている仲である．また二人の研究者は学問的にも同等であると言うことは次の事実からでも明らかである．それは1896年，ウィーン科学アカデミー，1898年，パリ・アカデミーなどでレントゲンとレナルトはそれぞれ一緒に賞を授与されている」．

以上のような論拠から委員会が提出した案は二人の科学者に分配しようというものであった．

科学院の会議議事録は保存されていないが，物理学賞について委員会の提案が議論された．ノーベル賞は一人の候補者に授与するべきであるという意見が

審議中，はっきりと述べられた．1901 年 11 月 12 日の会議において科学院の全員出席の会議はレントゲンに賞を授与することに決定した．かくて専門委員会の推薦は無視された．

科学院は今日でも同じ方法で決議しているか，あるいは委員会の提言に従っているか，いずれにせよ審議会を開くことはそのまま受け継がれている．

この結果，レナルトは自分の研究が低く評価されたと思い，レントゲンが受けた栄誉に異議を申し立てた．レナルトは新しい形の放射線を最初に観察したのは自分だと主張した．

ノーベル賞授与に絡んで，この頃からレナルトの態度はレントゲンの非難に変わっていった．

1905 年，レナルトは陰極線の研究によりノーベル物理学賞を授与されたにも関わらず，終生この論争を続けた．

しかしレナルトは最後までレントゲンの偉業を信用できないものであるという，納得できる証明をすることはできなかった．そして発見に関する栄誉をレントゲンから奪うこともできなかった（図 5・7）．

以上が第 1 回ノーベル物理学賞選考過程の裏話である．推薦票数 29 票中，12 票がレントゲン，レナルトが 1 票そして二人共一緒が 5 票であったという．これはノーベル賞選考当時，世界の多くの科学者達は 6 年前に新しい放射線の発見について知らされており，物理学の研究や医学に重大な意味を持つことを十分に理解していた．またこの発見の将来の進歩について予測することは不可能であったが，レントゲンがノーベル賞授与の最初の候補者として推薦されるべきであったというのは極く自然であったようである．

一方，レナルトの陰極線に関する研究は，レントゲンの発見に匹敵する重要な功績があると思われていた．そしてレナルトの研究結果は，レントゲンの実験を導くのにかなりの価値がある．それ故，委員会はレナルトの研究がレントゲンの X 線発見に対して道を開いたと言うことを提言する必要があると考えたようである．そこで委員会は発見に関する栄誉を二人に等分に分けるべきであると上申した．しかしレナルトは委員会の勧告を知らぬまま過ごし，レントゲンが発見に関する全ての栄誉を不公平に受けていると考えた．そしてその後の生涯にわたって発見への自分の重要性が過小評価されていると思い続けたのである．

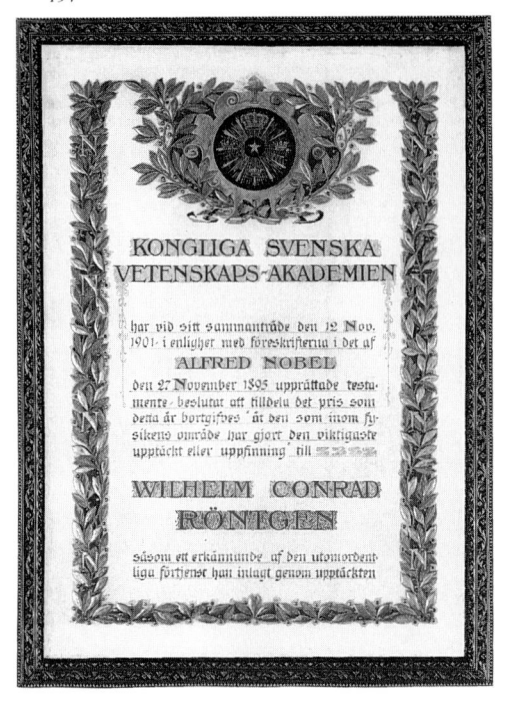

図5・7 レントゲンが受賞した第1回ノーベル物理学賞

　1901年12月10日，ストックホルムの音楽アカデミーで第1回ノーベル賞授与式が行われた．受賞者は記念講演を行うことになっていたが，レントゲンは講演をせず，記念の晩餐会の席上で感謝の辞を述べたのみであった．

5.3　レナルトの執念

　レントゲンのノーベル賞受賞はレナルトとの不仲を決定的なものにした．1905年，レナルトは「陰極線の研究」でノーベル物理学賞を授与されたが，その記念講演の中でもX線の発見におけるレントゲンの役割が低いことを述べ，「私が開発した放電管によって加速された陰極線が白金の大きな陽極面に衝突したとき陰極線はX線に変換される．したがってこの放電管を使ったとすれば観測者の注目は内側から外側に向けられ，わずかな注意と考察によって，この発見は自動的に現れるものと私には思える．そして抜け目なくレナルト管

を使用した人なら誰でも X 線を発見することができた筈だ」と述べた．

　それならば当然の質問として「レナルトは何故それを発見できなかったのか？」．それについてはシュタルクが「それには 4 つの理由がある」と述べている．

　第 1：当時，レナルトはボンからブレスラウへ移ることで多忙であった．そのため彼の研究は中断されてしまった．

　第 2：レナルトは放電管内の光を遮光するため錫のカバーで放電管を覆った．これは放電管の前に置かれた蛍光板の蛍光を観測するには良かった．

　第 3：レナルトは蛍光体としてシアン化白金バリウムを使用しなかった．それは上司のヘルツ教授が管理しており，容易に使わせてもらえず，やむなくペンタデチールパラトリールケトン（pentadecylparatolylketon）（X 線には感度が低い）を使用するしかなかった．

　第 4：レナルトはミューラー社から不完全な放電管を受け取り使用したが，レントゲンは完全な製品を使用することができた．

　「以上のことが大発見の栄誉をレントゲンに偶然の幸運としてもたらしたものである」と言っている．このシュタルクの都合の良い弁明は自分勝手なものであったが，レナルトの研究が大発見の直ぐ近くにあったことを一般に印象付けるには効果があった．

　「もしレントゲンが X 線を発見しなかったら，誰が X 線を発見したであろうか？」という問いに，「それは多分レナルトであろう」という答えが常識的のように思える．事実レナルトは当時，陰極線については最も進んだ研究を行っていた．しかし，その研究と X 線の発見のと間には発想を少し変えないと X 線の発見は陰極線の研究の延長線上にはないと著者には思えるのである．

　それは次のような理由からである．

　レナルトは陰極線の実験を最も良い条件で行おうとした．そのため放電が盛んに行われる 1〜0.1 Torr の気圧で，陰極線の飛程が空気中で 2〜3 cm になるような加速電圧（1,000〜3,000 V）を選んだと考えられる（ヘルツがアルミニウム箔を陰極線が透過する実験を初めて行ったときの加速電圧はダニエル電池 1,800 個を直列に接続し，約 1,800 V であった）．図 1・32 で明らかなように，0.5 mm 厚の透明な石英ガラスは陰極線をほとんど通さない．このことは写真乾

板の黒化作用は陰極線によるもので，X線は全く検出されていない．すなわちX線が発生しない低い加速電圧の範囲で動作させていたことは明らかである．

　レナルトの目的は陰極線の本性の解明にあった．したがって陰極線が最も多く発生する状態が最良の条件であった．そのため放電管の真空度をあまり高くする必要はなかったのである．レナルトは空気中の陰極線の飛程を8 cmまで上昇させた実験を行っている．この場合，管内の真空度をかなり高くして行ったようであるが，この時にはアルミ箔が溶けてしまったのではないかと思われる．これ以後はこのような実験は行っておらず，また安定して実験を行うには空気中，2～3 cmの飛程が最も良好であると言っていることからも考えられる．これは著者の推測であるが，レナルトはアルミ箔窓付き放電管の最大許容条件を求めるため上記のような実験を行ったのではないかと思っている．そしてアルミ箔が破損した場合は自分で窓の部分のアルミ箔を張り替えて使用していたのではないか？　そのためアルミ箔を自分で所有する必要があった．レナルトがアルミ箔を所有していたことはレントゲンの依頼に応じて送ったことで明らかであり，また破損の都度，ミューラー社に修理を依頼していたとすればレナルトはアルミ箔を所有する必要もなかったわけである．レナルトが使用した放電管は試作品のため特性が悪く，実験中真空ポンプを常時動作させなければならなかったと言われているが，その理由はレナルトが自分で窓の部分のアルミ箔を張り替えていたため，次第に漏洩が多くなってきたものと著者は思っていた．

　「レントゲンは運が良かった．ミューラー社から新しい優れた放電管を入手した」と一般に言われているが，具体的にどこが優れている（構造的に）かは書かれていないので，著者は漏洩の少ない管を入手したのであろうと解釈していた．そしてレントゲンの実験について調べてみると，レントゲンは優れた窓付き放電管で実験を行ったことは確かである．次にこの管を使って空気中の飛程がどの程度になるまで実験を行ったかということであるが，レントゲンは実験については大変慎重であったことや，レナルトからこの放電管の実際の使用条件など，事前に聞いていることから，空気中の飛程を8 cm以上（アルミニウム箔が破損するおそれのある限界）にして使用したことはなかったと思われるのである．したがって今まで著者はレナルトやシュミットの言う「レントゲ

ンはレナルトの窓付き放電管を使用したから X 線を発見できた」という主張は単なるこじつけであると理解していた．それはレントゲンが優れたレナルト管すなわち漏洩が少ない管（構造は同じもの）を使用したからと思っていたからである．

　しかしこのことについては疑問もあった．それはレナルト一派の一人シュミット（F. Schmidt）による復元実験に関する論文であった[64]．1982 年，宮下はシュミットの復元実験（1935）を取り上げ，レントゲンが最初に X 線を発見したとき使用した放電管はレナルト管かヒットルフ，クルックス管のどちらであったかということについて論評した[65]．そして文中に復元された放電管の図と，管の前方正面に置かれたフィルムの黒化された写真が掲載されていた．それには「白金管付きの新しい優秀な放電管」と書かれてあり，陰極部分は今までのレナルト管と同じであったが，陽極部分は全く変わっており，ガラス管の中心に長さ 4 cm 程の管を封入し，その先端にアルミニウム箔が張られていた．著者は今まで多くのレナルト管の図を見てきたが，この白金管型のレナルト管は初めてであった．このことから著者は 1982 年以降，数年間，シュミットが復元実験に使用した放電管がレントゲンが使ったものと同じであるかどうかを調べた．いくつかのこれに関係した文献を見たが，いずれも「レントゲンは運が良かった．ミューラー社から性能の良い放電管を入手した」と書いてはあるが，具体的にどこが改善されて良くなったということはどの資料にも見られなかった．白金管という語は 1894 年，レナルトの論文の脚註に一言書いてあるが，しかしこれの図もないし，また新しいレナルト管が白金管型になったとは言っていないので，著者はシュミットの復元管と同じ型のものをレントゲンが使用したとはどうも思えなかった．図 5・8 はシュミットの復元管で，陰極部はほとんど従来管と同じであるが，陽極部（当時は対陰極と言い，陰極の外側のアルミニウム円筒を陽極と呼んでいた．この陽極は管内の真空度を良くするためのものである[12]）は，長さ 4 cm の白金管が封入されており，内径 6 mm，厚さ 0.2 mm である．この先端に 3 μm のアルミニウム箔が張り付けられていた．このような白金管を使用したとすれば，白金管内面と陰極線の角度は非常に大きいが斜入する陰極線は容易に X 線を発生することになる．図 5・9 は白金管の前に置かれたフィルムの黒化の状態を示したものである．高電圧は

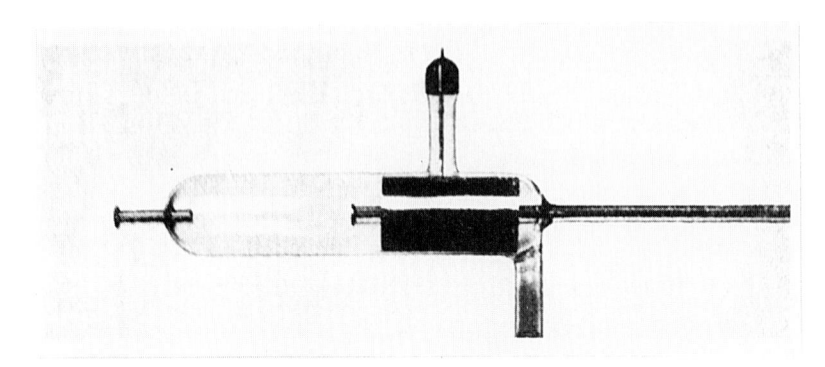

図5・8　白金管付レナルト管（シュミットが復元したもの．1935 年)[64]

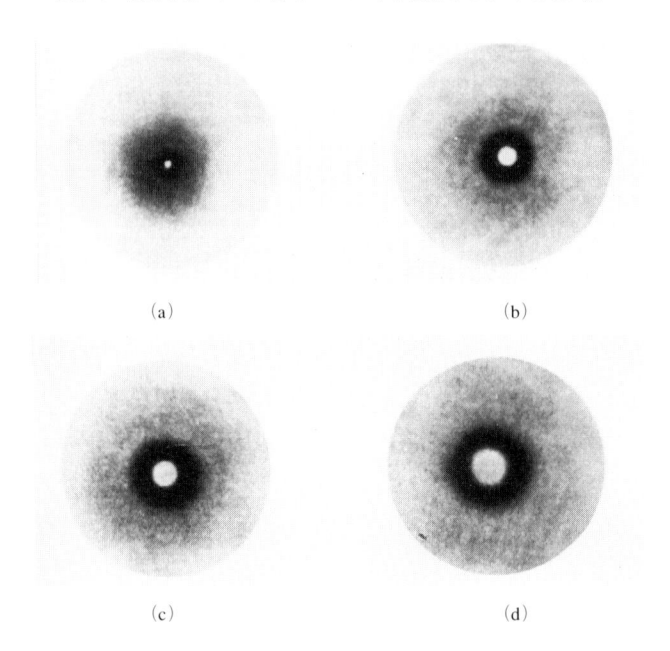

図5・9　白金管の前に置かれたフィルムの黒化状態　窓からの距離
(a) 3 cm　(b) 6 cm　(c) 8 cm　(d) 10 cm [64]

50 kV であった．この管電圧であれば X 線が発生するのは当然のことで，図の中心が陰極線によるもので，その外側の黒化度の高い部分が X 線によるものである．このレナルト管は漏洩も少なかったと言われているので，内部の真空度を高くすることにより，放電電圧を 50 kV 程度に上げるのは容易なことである．したがって，もしレントゲンがこの白金管付きのレナルト管を使用したとしたら，内部の真空度を少し高くするだけで陰極線とは全く透過力が異なる"新しい種類の放射線"の発見は可能であったと思われる．しかし初期のレナルト管については多くの資料に取り上げられているが，さらに性能の良くなった白金管付きレナルト管についての資料は著者が探し求めた範囲ではついに見つけることができなかった．このようなことから，白金管付きレナルト管はアイデアはあったが実用化されなかったのではないかと今まで著者は解釈していた．ところが今回，本書をまとめることになり，今まで分散していた資料を集め，整理していたところ，レントゲンが X 線発見の頃使用していた各種放電管の写真が掲載されている文献が出てきたのである．図 5・10 はヴュルツブルク大学，物理学研究所のレントゲンの資料室のキャビネットであるが，このケースの上にレナルト管が置かれている．そしてその陽極部には白金管と思われる円筒が付いていることがわかる．大学の台帳にはレナルト管はミューラー社から 1 本しか購入していないという記載があることから，この写真にあるレナルト管が X 線発見当時，レントゲンによって使用されたものと思われる．この写真によってシュミットの復元実験に使用された白金管付きレナルト管は実用化されたと考えなくてはならなくなったのである．これも著者の推測であるが，レントゲンが白金管付きレナルト管を実験に使用したとすれば，レナルトより広範囲の気圧変化について実験を行ったのではないかと考えられる．レントゲンはレナルトの使用したリュームコルフ誘導コイルよりはるかに大型のものを使用していた．そして管内の漏洩も少ないので放電電圧を高くすることは容易なことであった．図 5・11 は陰極線の空気中の飛程を示したもので，飛程が 9 cm で約 10 kV となり，十分検出可能な X 線が発生する．レントゲンはこの程度の状態で陰極線ではない未知の放射線の存在に気が付いたが，白金管付きレナルト管の出力面積が 6 mm ϕ と小さいため，クルックス管，ヒットルフ管でも真空度を上げ，放電電圧を高くすれば同じ効果がえられるのではないかと考

図5・10 レントゲンの資料室のキャビネットで，このケースの上に白金管付と思われるレナルト管が置かれている[60]．

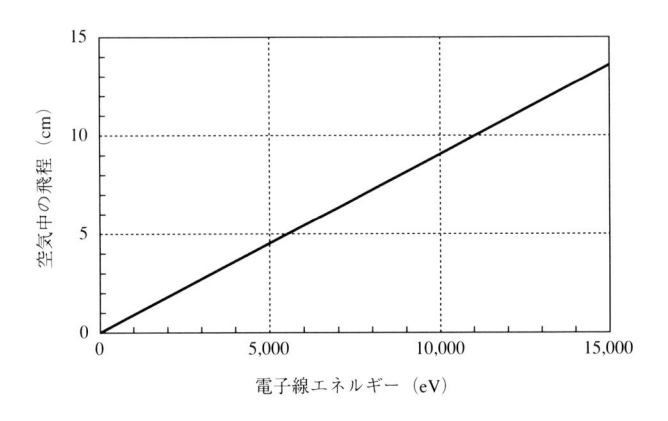

図5・11 空気中における電子の飛程（20℃）

え，実行した．その結果，広い面積について今まで未知であった放射線を発生させることに成功したのではないかと思っている．一方，レナルトは陰極線の発生が最も盛んな 2～3 kV で加速して使用していたので，検出できるような X 線の発生は不可能であった．これは図 1・32 で明らかである．レナルトの研究では陰極線の空気中の飛程が 8 cm 程度まで延ばしても特に現象に変わりがあるわけでなく，むしろアルミニウム箔の破損の方が大きな問題であったのである．図 5・12，図 5・13 は同じレナルト管であるが，どちらも白金管は使用していない．このようなことから，レントゲンがもし X 線を発見しなかったら誰が発見したであろうという問いに対して，著者は素直にそれはレナルトでしょうと答えられないのである．

レナルトは事ある毎にレントゲンを誹謗していたが，ナチスで自分の地位が向上してくるにつれ，その怨念もますます強くなっていった．1945 年（第 2 次世界大戦末期），レナルトはハイデルベルクから田舎のメンセルハウゼン（Mensselhausen）に逃げていたが，アメリカ軍に捕らえられ，ニュルンベルク裁判にかけられた．しかし高齢のため無罪となった．捕らわれたばかりの頃の尋問にレナルトは自分の心境を以下のように話した[60]．

> 1. レントゲンは X 線誕生における助産婦に過ぎない．この助産婦は最初に子供を世の中に紹介することのできる幸運を持っている．
> 2. X 線発見の過程においても，丁度子供というものは鸛がつれてきたと思っている無学の人々によってのみ母親だと混同される．
> 3. 私こそが X 線の真の生みの親である．
> 4. 丁度，助産婦は赤ん坊が生まれてくる機構についての原因ではないように，X 線の発見はレントゲンのせいではない．それは単にレントゲンの膝の上に単に生み落とされたに過ぎない．レントゲンが行った全てはボタンを押すことでしかなかった．何故なら，全ての基礎研究は私によって用意されていたからである．
> 5. 私の助力なしでは X 線の発見は今日でさえも不可能であった

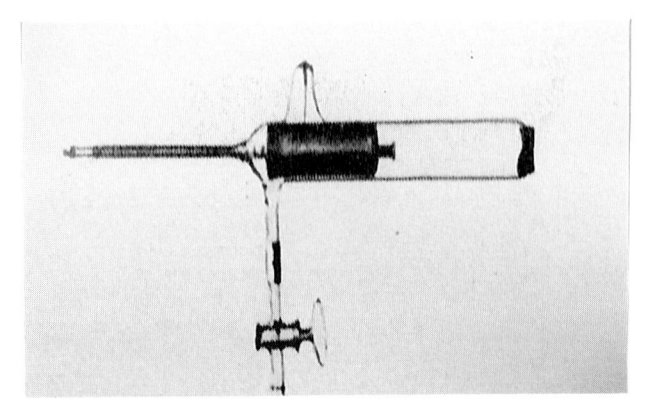

図5·12 ミュンヘン科学博物館にあるレナルト管で,陰極構造は1894年にレナルトが発表した型と同じである.

図5·13 ロンドン科学博物館にあるレナルト管で陰極の形は初期のものと異なるが,白金管は使用していない.

であろう．また私がいなかったらレントゲンの名前も知られなかったであろう．

6．レントゲンは日和見主義者で，私の管を使って実験すれば何か発見されるであろうということに気づき，名声を得る目的でそれを実行した．

7．放電管はヒットルフが 1869 年に開発し，その後クルックスによって改良されたが，重要なことはそれから 25 年後の私の研究まで付け加えられたものはなかった．

8．私は常に慎み深く，やたらに論文をまとめるようなことはしなかった．私はレントゲンの偉大な発見について賞賛した手紙を送った．そして私の放電管と私に多くの恩恵を受けたという感謝の返事を呉れると思ったが，レントゲンからは何の挨拶もなかった．

このような理由からレナルトのレントゲンに対する態度は次第に憎しみに変わり，その高慢さはナチス科学者の最高の指導的地位の時代に頂点に達した．1925〜1945 年のドイツの物理学の教科書にはレントゲンの X 線発見についてはほんの一言しか書かれていなかった．

レントゲンの X 線発見 50 周年記念祭にヴュルツブルク物理・医学会が 1944 年，ナチスの郵政大臣にコッホや他の科学者と同じように記念切手を発行したいと申請した．ところがこの申請は却下されてしまった．その理由は「人類に多大な貢献をした卓越した人物が記念切手の対照となる．レントゲンはこれに該当しない」，これが却下の理由であった．時の郵政大臣はオーネゾルゲ（Ohnesorge）で，彼は物理学者でもあり，ハイデルベルクでレナルトの弟子であった．これはレナルトがレントゲンの研究を軽視するための筋書きを作り，偉大な発見を単に偶然起こった不器用者にレントゲンを追い込んだことは明らかであった[60]．

第 6 章

1920年代の論評

6.1　ヒルシュのレントゲン追悼講演

　X線の発見が社会に与えた影響があまりにも大きかったため，ドイツではその栄光に対する中傷や誹謗の記事がかなり長い間，燻り続いていたが，アメリカでも全く根拠のない論評が書かれ，それを引用した人によって歴史が変えられてしまったという考えられないような事実があった．

　1970年頃，著者は自分の専門の関係からレントゲンの生い立ち，X線発見の経緯などに関する内外の資料を集めていた．当時，一般教養書として著名な物理学者の伝記はかなり出版されていたので，生い立ちについてはこれを参考にさせて頂くつもりで，その頃在職していた大学の図書館へ行って調べた．しかしここではわずかに昭和17年に出版された「レントゲン」という伝記というより小説が1冊あったのみで，史実についてはあまり参考にならなかった．そこで一般の図書館へ行った．それは教養書に関してはこちらの方が揃っているのではないかと思ったからである．しかしここでも多くの物理学者の伝記があるのに，レントゲンについては見当たらなかった．これは著者にとって一寸意外なことであった．それは医学への応用はもちろんのこと，物理学にとっても近代物理学誕生のきっかけとなったX線，その発見者の伝記がないということは一寸信じられないことであった．しかし，その理由も後になって次第に明らかになった．

　とにかく邦文の成書は見あたらないので諦め，著者が在職していた医学部図書館で膨大な医学雑誌文献目録を年代毎に丹念に調べた．そしてレントゲンの

生涯についての論評を探した．その結果，1923 年に北米放射線学会で行われたレントゲンの追悼記念講演の記事を見つけた．

レントゲンは 1923 年 2 月 10 日，78 歳で亡くなったが，これはその年の秋，I. S. ヒルシュ（I. S. Hirsch）という医師が "Wilhelm Conrad Roentgen, His Life and Work" と題して行った講演をラジオロジー（Radiology）誌に 3 回にわたって掲載されたものであった．これで何日間も苦労して探した甲斐があったと思った．なにしろラジオロジー誌に 3 回も掲載されているということは，かなり詳細な記述が書かれてあり，北米放射線学会という権威ある学会の追悼記念講演ともなれば十分信頼のおけることが書かれてあるに違いないと思ったからである[67]．

図 6・1 は Dr. ヒルシュの講演のタイトルと見出しの部分である．

> 「私が学会長の依頼に応じてレントゲンの生涯について講演することをお引き受けしたとき，単に彼の生涯の出来事を回顧するよりも彼の性格や人柄，そして関係するこれらが彼の科学的な苦労の上にある事を調べ，時代の精神に投げかけるその光の立場から彼の経歴を考え，身分の低い労働者にさえ与えるその教訓の方がより重大であり，興味があるように思われた…………」

このように講演の書き出しは文学的表現で，格調の高いものであった．しかしレントゲンの生い立ちの箇所からおかしな記述が始まったのである（図 6・2）．

> 「レントゲンの幼年時代は大変裕福なもので，彼の母の郷里であるオランダのユトレヒトで過ごした．彼の父フリードリッヒ・コンラッドは農夫であったが，地味で素朴な慎み深い，無口で信心深い人であった．彼は父から勤勉，忍耐，素直な行動，生活の努力と闘いの我慢強さを引き継いだ．…………
> 　初等教育を数年受けた後，彼は父の農業を継ぐように決められたので，そのためオランダのアペルドルンの農業学校に入学した」

WILHELM CONRAD ROENTGEN[1]
HIS LIFE AND WORK
By I. SETH HIRSCH, M.D., NEW YORK CITY

WHEN, in compliance with the request of our President, I consented to speak on the life of Roentgen, it seemed to me that more vital and interesting than merely to review the events of his life would be to study his character and personality and the bearings these had on his scientific labors, and to consider his career from the standpoint of the light it throws on the spirit of the age and the lesson it carries to even the humblest worker.

――――――――――――――

図6·1　Dr.ヒルシュ（Dr. Hirsch）の講演のタイトルと書出しの部分

Roentgen's childhood was a very happy one and was spent in Utrecht, Holland, the birthplace of his mother. His father, Frederich Conrad, was a farmer, a man of the soil, simple, reserved, taciturn and religious. From him he inherited the quali-

――――――――――――――
――――――――――――――
――――――――――――――

a sturdy, modest and reticent boy. After a few years of primary schooling it was planned that he should follow the agricultural occupation of his father and to this end he entered the agricultural school at Apeldoorn, Holland. There are glimpses

図6·2　Dr. ヒルシュ（Dr. Hirsch）の講演．少年時代の記述．

これは明らかに誤りで，レントゲンの父は織物業を営んでいたのである（第3章を参照）．母はオランダ人であったが，レントゲンが3歳の時，ドイツの北ライン，西ファーレン州レムシャイド市レンネップから母の実家のあるオランダのアペルドルンに引っ越すのである．そこで初等教育を受け，それからユトレヒトの工業学校に入学するのである（これらについては3.1で述べた）．

レントゲンの少年時代についての資料もかなり集めたが，彼の父が農夫で，その後を継ぐために農業学校へ入学したというのはヒルシュの作り話か，あるいは何かを引用しただけなのか，この話の根拠はいまだに不明である．

「その後，レントゲンはスイスのチューリッヒにある工業専門学校が入学試験無しで学生を受け入れることを知り入学する」（図6・3）と書いてあるが，農業学校から工業専門学校に変わった理由は何も書かれていない．また，チューリッヒ時代の記述も抽象的なことがほとんどで，期待したような新しい事実は得られなかった．さらに驚かされたのはチューリッヒと全く関係のないエンガデンの地名が出てきたときだった．「工業専門学校に入学したレントゲンは学業にへばりついた勤勉な学生ではなく，森や花を愛したこの若者は活動家でもなく，日課のように熱中する本の虫でもなく，日常のきつい勉強を嫌って空高くそびえるエンガデンの山々——学校はその陰に建っていた——に惹かれた一人の夢想家であった．…………」

すなわち，学校の後ろにはエンガデンの山々がそびえており，レントゲンはその山々に惹かれていたということである．エンガデンは3.3で述べたように，チューリッヒの南東約150 kmにある有名なリゾートで，チューリッヒとは全く関係がない所である．レントゲンは1870年，師であるクント教授の助手としてヴュルツブルクに行くことになるが，ここで「後に結婚することになる女性に会う」とあるが，これも誤りで，レントゲンはチューリッヒ時代にアンナ・ルードリッヒと知り合うのである．

記述では「クントがヴュルツブルクに招かれた時，彼は若いレントゲンを一緒に連れて行った．ヴュルツブルクでレントゲンは長い人生の間，彼の発展を通して彼を助け，慰め，彼の献身的な伴侶となり，彼が結婚した女性と出会った」となっている．

ここまで読んで著者は正直な所，がっかりした．それはこの講演記録でレン

> Because the Polytechnical Institute in Zurich accepted students without matriculation examinations, Roentgen entered the school. Here he was not the assiduous student, glued to his task; no hustler was this young man who loved the stones, the woods and flowers; no bookworm, absorbed in his daily task, but a dreamer, who hated the grind of the routine and forsook it for the sky-towering mountains of the Engadine, in whose shadow the school stood. The
>
> ― ― ― ― ― ― ― ― ― ― ― ― ― ― ―
> ― ― ― ― ― ― ― ― ― ― ― ― ― ― ―
>
> When Kundt was called to Würzburg he took young Roentgen with him. In Würzburg he met the woman he married, who during a long life was his devoted companion, aiding and comforting him through his career.

図6・3 Dr. ヒルシュ（Dr. Hirsch）の講演．チューリッヒ時代の記述．

トゲンの生い立ち，X線発見の経緯，発見の反響などの詳細を知ることができると期待していたからである．しかしエンガデンの一言でヒルシュはチューリッヒの街についてほとんど知らないこと，レントゲンの生い立ちにも深い知識があるとはとても思えなかった．

　図6・4 はチューリッヒの中心街で，現在の人口は約40万人，周辺を合わせると約80万人で，スイス最大の都市である．

　以上のようにこの講演記録の生い立ちの章は明らかに誤った記述がかなりあり，その内容も他の資料で十分知っていたことであったので，著者にとっては全く期待外れであった．

　次の章のX線発見の経緯を読んだ時にはむしろ別な興味が湧いてきた．この記述については後述するが，その内容たるや物理学に一寸知識のある人ならば誰でも本気にしないような幼稚な話なのである．著者はこれを読んでいるうち

図6・4 チューリッヒ市内（1981年撮影）

[NEW YORK
MEDICAL JOURNAL December 25, 1915.]

WILLIAM KONRAD ROENTGEN.
A Biographical Sketch,
By I. SETH HIRSCH, M. D.,
New York,

Professor of Röntgenology, New York Post-Graduate Medical School
and Hospital.

THE DISCOVERY.

It was late in the fall of 1893. The ancient town of Würzburg is basking in the autumn sunlight in the vine clad valley of the Main. In the broad and tree lined Pleicher-Ring is the Institute of Physics. Within its walls in a room littered with scientific apparatus, a man stands deep in thought before a glass bulb glowing with colored light. He is of

図6・5 Dr. ヒルシュが1915年に発表した論評のタイトルと書出しの部分

に，そもそも誰がこんな話をしたのか？　ヒルシュの創作とも思えないし，どこから出てきた話なのか，著者にはその方の興味が強くなってきた．しかしこの講演記録は引用文献の記載が氏名のみのため，この検索は行き詰まってしまった．いろいろ考えた末，ヒルシュが追悼記念講演を指名されたということは，以前にヒルシュがレントゲンに関する論評を書いているのではないかと推測し，インデックスを頼りに 1923 年以前の資料を探した．その結果，同じヒルシュが 1915 年に「W. K. Roentgen, A Biographical Sketch」という論評をニューヨーク メディカル ジャーナル（New York Medical Journal）に書いたことがわかった[68]．

　図 6・5 はこのタイトルと書き出しの部分である．これから当時ヒルシュはニューヨーク医科大学大学院の放射線科教授であったことがわかった．書き出しの「それは 1893 年の晩秋であった」という箇所以外，発見の経緯については 1923 年の記念講演とほとんど同じで，さらにここで発見のエピソードについてその出典を知ることができた．

　　「古いヴュルツブルクの街はブドウの樹におおわれたマイン河の谷に注ぐ太陽の光を浴びている．幅の広い立木の並んだプライヒャー・リンクに物理学研究所があり，その塀の中の科学機器で満たされた室に一人の男が着色灯に輝く電球の前で深く物思いに沈んで立っている．……………

　　考えることに夢中で，彼は時間が矢のように過ぎて行くのに気付かなかった．その室から呼び出された時，彼はその朝読んでいた 1 冊の本の上に，なおつけっ放しのままの放電管を置いて行った．その本の中にはいつも彼が栞に使っていた大きくて平たい古風な鍵が挟まれていた．たまたまその本の直ぐ下には彼が午後の散歩のために用意して置いた写真の乾板入れが置かれていた．………………」という発見の経緯の脚註に次のようなことが記されてあったのである．（図 6・6）

　　「このエピソードは X 線発見当時，レントゲンの研究所の研究生であったシカゴの医師 T. S. ミドルトン（Middleton）によっ

Absorbed in thought,[1] he did not notice how quickly the hours flew. Called from the room, he laid the still glowing bulb on a book he had been reading that morning, in which lay a large, flat, antique key, which he used as a bookmark. It happened that underneath this book lay a photographic plate holder which he had prepared for the afternoon's outing. Returning later to the laboratory, he gathered up several plate holders, among which was the fateful one under the book, and spent the afternoon outdoors, seeking recreation and amusement in the practice of his hobby, photography. He made several exposures. On developing the plates, a shadow of the antique key, his bookmark, appeared on one of them. He wondered how this could have happened. He showed the plate to his

— — — — — — — — — — — — — — — — — —

[1]This episode is based on an account given in *Popular Science Monthly*, December, 1908, by E. E. Burns, who attributes it to Dr. T. S. Middleton, of Chicago, who was a student in Röntgen's laboratory at the time of the discovery.

図6・6 発見のエピソードの出典

PHYSIKALISCHE ZEITSCHRIFT

No. 6.　　　15. März 1915.　　　16. Jahrgang.
　　　Redaktionsschluß für No. 7 am 25. März 1915.

Zu Röntgens siebzigstem Geburtstag.

Von A. Sommerfeld.

— — — — — — — — — — — — — — —
— — — — — — — — — — — — — — —

　　Wilhelm Conrad Röntgen ist geboren zu Lennep im Rheinland am 27. März 1845. Sein Vater war in der rheinischen Industrie tätig. Ebenfalls für diese bestimmt, erhielt Röntgen seine hauptsächliche Schulbildung auf der Maschinenbauschule zu Apeldoorn in Holland und begann seine höheren Studien an dem Polytechnikum in Zürich. Röntgen gehört zu der (nicht

図6・7 ゾンマーフェルト（Sommerfeld）の論評のタイトルと書出し

て語られ，それを E. E. バーンズ（Burns）によって 1908 年 12月，ポピュラー サイエンス誌（Popular Science Monthly）の記事にされたものを引用した」

早速，図書館で調べたが国内の大学図書館にはこの雑誌は見あたらないので BLLD に依頼した．また生い立ちについても A. ゾンマーフェルト（A. Sommerfeld）の論評を多く引用しているということも脚註で知ることができた．当時ゾンマーフェルトはミュンヘン大学理論物理学の教授で，1915 年，レントゲンの 70 歳の誕生日を記念して物理学雑誌（Physikalische Zeitschrift）にその生い立ち，人となりを述べた．図 6・7 はそのタイトルとヒルシュが引用したというレントゲンの若い頃についての記述である．

W. C. レントゲンはラインラントのレネップに 1845 年 3 月 27 日に生まれた．彼の父はラインの製造業に従事していた．いずれにせよこのことではっきりするのはレントゲンがその主な学校教育をオランダのアペルドルンの機械工業学校で受け，さらに進んだ教育はチューリッヒの工業専門学校で始まった．……

このようにゾンマーフェルトの文章は簡潔なものであるが，レントゲンの父が農夫で，その後を継ぐために農業学校へ行ったというようなことは一言も書いてない．しかし面白いことにレントゲンが入学した工業学校がアペルドルンというのはゾンマーフェルトの誤りである[70]．

6.2 T. S. ミドルトンの X 線発見の話

図 6・8 は「レントゲン教授の X 線発見の話」というタイトルで X 線が発見された頃の 4 年間レントゲン教授のもとで研究生であったというシカゴの T. S. ミドルトンという医師の話をもとに，E. E. バーンズによって書かれたものである（Popular Science Monthly 1908年）[69]．

POPULAR SCIENCE MONTHLY

THE STORY OF PROFESSOR RÖNTGEN'S DISCOVERY

BY ELMER ELLSWORTH BURNS
CHICAGO, ILL.

THE discovery of X-rays was announced by Professor Röntgen in December, 1895, in a communication to the Physico-medical Association of Würzburg. The date of the discovery is commonly thought to be November, 1895. As a matter of fact, the first X-ray photograph was made about two years before that time, and the accidental production of this photograph was the starting point of a series of investigations which continued for more than two years before the public announcement was made. The story was told to me by Dr. T. S. Middleton, now a physician in Chicago, who was a research student under Professor Röntgen during a period of four years, including the time when the great discovery was made.

— — — — — — — — — — — — — — — — — — — —
— — — — — — — — — — — — — — — — — — — —

He was working with cathode rays and, being an expert glass blower, prepared his own tubes. He had a habit of using his lungs as an air-pump in exhausting his tubes. Long practise had developed an athletic pair of lungs, so that he was able in this manner, aided by the increase in vacuum due to the electric discharge, to produce a vacuum sufficiently high for the production of the cathode rays. The first X-ray tube was exhausted in this way. This tube was blown to form

— — — — — — — — — — — — — — — — — — — —
— — — — — — — — — — — — — — — — — — — —

図6·8　ミドルトン（T. S. Middleton）のX線発見の話

X線の発見は1895年12月，レントゲン教授によってヴュルツブルク物理・医学会に発表された．発見の日は一般に1895年11月と思われているが，事実はこの時より2年も前に最初のX線写真は撮影された．この偶然の写真撮影が公表される2年以上も前から続けられている研究の出発点であった．この話は偉大な発見がなされた時を含む4年間，レントゲン教授の下で研究生であったシカゴの医師ミドルトンによって私に語られたものである．

(中略)

レントゲン教授は陰極線の実験を行っていたが，彼はガラス吹きの達人で自分で放電管を製作した．彼は管を排気するのに真空ポンプとして自分の肺で行うのが習慣だった．長い練習は両肺の運動を進歩させ，放電による真空度の増大による助力により，陰極線を発生させるのに十分な高真空を作るこの方法を可能にした．最初のX線管はこの方法により排気された．

(中略)

図6·9が問題の「発見の経緯」の話である．

レントゲン教授の自室の平机の上には積み重ねられた本の山，ガラス管，写真取枠，白金，アルミニウムの電極その他いろいろなものが多忙な人の机の上の山積みのように置いてあった．

その乱雑な中で，教授が写真取枠の上に置いて読んでいた大きな本でその奇妙なことは起こった．本の中には栞として鍵が入っていた．栞としてこの平らな鍵を使うことは彼の机の上で本を開いて振ることにより，なくした鍵を見つけるためにしばしば行うレントゲン教授独特の習慣である．教授は前述のクルックス管で研究していた．この特殊な管の特性である美しい黄緑の蛍光を観察中に彼の妻が昼食に彼を呼びに来た．取り付けられた放電管はそのまま放電していたが，レントゲンは妻の呼び出しに応じた．

このところ，レントゲン教授は熱中したアマチュア写真家であ

った．事実，戸外での撮影は彼の気晴らしであった．昼食から戻ると彼は戸外で撮影された何枚かと他の写真取枠と一緒に本の下に置かれていた写真取枠を取りだした．現像された乾板の中に1枚だけ鍵の陰影が写っているものがあった．

　これは難問であった．彼は何人かの学生にこの陰影を示し，この不思議な鍵の説明の示唆を学生に尋ねた．しかし十分な証明を示唆する学生は全くいなかった．そして彼はこの不思議な現象の解明研究のため翌朝は早く起きた．

　教授は昨日の操作を正確に繰り返すことを決心し，放電管，本，取枠など記憶している位置に昨日と同じようにそれらを置き，昨日と同じ時間，装置を放電させた．乾板を現像すると鍵の像は再び現れた．鍵は本の中にあり，不思議なことは解決されなかった．これは奇妙なことであった．もちろん陰極線が写真乾板に作用することはよく知られていることである．しかし，乾板と線源の間には本や取枠の硬質ゴムのスライドがあり，両者とも光は通さず，そして陰極線は管壁で遮られている．

　レントゲンは研究を続けた．そして放電管からの線は相違の程度はあるが他の物質でも透過することを発見し，透明度の相違によって彼は多くの興味ある物体の陰影写真を得ることができた．

（中略）

　偉大な発見の始まりを記録した上述の話の日時についての私の質問に答えて Dr. ミドルトンは日付を思い出すのはたやすいことですと言った．「それは 1895 年の 11 月以前ですか」と私が尋ねると「そうです．それは少なくとも 2 年は前だろう．」そして日時をはっきりさせるある出来事を思い出す．彼は続けた．「それは秋の学期が始まったばかりのことだった．それは 1893 年の 10 月より後ではなかった．多分 1892 年である．」

（後略）

　以上が Dr. ミドルトンの話の大要であるが，常識では考えられないことが多

On a flat-topped desk in Professor Röntgen's private office lay an unassorted heap of books, glass tubes, photographic plate holders, platinum and aluminium electrodes, and what-not, such an unassorted heap as is likely to accumulate on the desk of a busy man. In this confusion it happened that a large book which the professor had been reading lay on a photographic plate holder. In the book lay a key serving as a bookmark. The use of a flat key as a bookmark is a peculiar habit of Professor Röntgen's, a habit which leads often to the finding of lost keys by shaking open the books on his desk. The professor was working with the Crookes tube referred to above, observing the beautiful yellowish-green fluorescence which characterized this particular tube, when his wife came to call him to lunch. Laying the tube, still glowing, on the book he obeyed her summons.

Now Professor Röntgen is an enthusiastic amateur photographer, in fact out door photography is his recreation. Returning from lunch, he took the plate holder which had lain under the book, with other plate holders, and made several outdoor exposures. On developing the plates a shadow picture of a key appeared on one of them. Much puzzled, he showed the negative to some of his students, asking them to suggest some explanation of the mysterious key. None of their suggestions proved satisfactory, and he was up early the next morning searching for a solution of the mystery.

He determined to repeat precisely the operations of the preceding day and, remembering the positions of the glowing tube, the book, and the plate holder, he placed them as before, leaving them for the same length of time as on the preceding day. On developing the plate, the image of the key again appeared. The key was found in the book but the mystery was not solved. Here was indeed a strange thing. Of course it was known that the cathode rays would affect a photographic plate, but here between the plate and the source of the rays were a book and the hard-rubber slide of the plate holder, both of which are impervious to light, and the cathode rays were confined by the walls of the tube.

Röntgen continued his investigations and found that the rays from his tube would penetrate other objects, but in different degrees, and because of this difference in transparency he could obtain shadow pictures of many interesting objects.

— — — — — — — — — — — — — — — — —
— — — — — — — — — — — — — — — — —

In answer to my question regarding the date of the incident narrated above, which marked the beginning of the great discovery, Dr. Middleton said that he had made no effort to remember the date. "Was it earlier than November, 1895," I asked? "Yes. It was at least two years earlier" and, recalling some incidents to aid in fixing to date, he continued, "It was soon after the opening of the autumn semester. It could not have been later than October, 1893. Possibly it was in 1892."

図6・9　ミドルトン（Middleton）のX線発見の経緯

く書かれている．

ミドルトンの話の矛盾点

1) ミドルトンは医師で，常識的に考えれば医学部の研究生であったと思われる．それが何故，物理学研究室に出入りしていたかという疑問がある．

2) レントゲンは実験物理学者で，真空技術についても高度な技術を持っていたが，自身の肺で排気したというような話は全く聞いたことがない．レントゲンは放電管を排気するのにラップスポンプを用い，2日間を要したと弟子のツェンダーに宛てた手紙の中に書いている．

3) X線発見の経緯

a．レントゲンは自室の山積みになった本やその他いろいろな物が置いてある机の上で陰極線の実験を行ったと言っているが，図2・2に示すように実験には電源の電池，真空ポンプ，誘導コイル，それに放電管を支える支持器などが必要で，また実験は高電圧を発生させるので，近くに関係ない物は置けないのである．いずれにしても普通の事務机の上で陰極線の実験を行うことはまず不可能で，常識では考えられない．

b．当時，高価であった放電管を接続し，動作不安定な誘導コイルを動作させたまま席を外すような研究者はまずいないと思う．

c．レントゲンが最初にX線を見出したのは蛍光板の蛍光作用からで，写真作用を見出したのはその後である．明室では蛍光作用を認めることはできない．

d．発見の日時は1895年より2年も前であると言っているが，その根拠は全くない．レントゲンが陰極線の研究を始めるのは1894年4月，レナルトの論文を見てからである．

図6・10は人間の肺でどの程度排気できるか実験したもので，真空ポンプの排気パイプを外し，それを口に付け，肺で吸い込んでみた．数人でやってみたが，大気圧の0.7程度が漸くであった．

図2・4はレントゲンがX線を発見した時の実験装置一式で，とても書斎の机の上で実験できるようなものではない．

しかしこのような話を当時，北米放射線学会の長老格であったヒルシュが

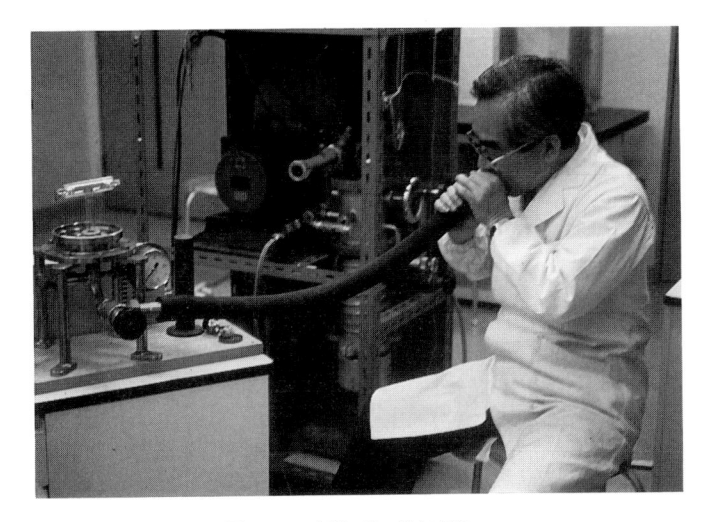

図6・10　人間の肺で排気実験

THE ROENTGEN RAY—A HISTORICAL SKETCH

Albert F. Tyler, B. Sc., M. D.
Omaha.

THE story of the discovery of the x ray and its present day development is one of the most romantic tales of science. Wilhelm Konrad Roentgen discovered a ray aroused among scientists as to the exact nature of the phenomena going on within the vacuum tube.

1. We are indebted to Dr. T. S. Middleton of Chicago, who was a student in Roentgen's laboratory at the time the x ray was discovered, for the following incident.

2. I am indebted to Dr. I. Seth Hirsch for the following brief biographical sketch, Journal of Radiology, 1923.

図6・11　ティーラー（A. F. Tyler）の論評のタイトルと書出し

1915年の論評に取り上げ，さらに1923年のレントゲン追悼記念講演にもそっくりこの話を引用したため，多くの人々はこの話を信じていた．

この後，どのようになったのか大変興味があったので，1920年代後半から1930年代の資料を調べ，幾つか見付けることができた．

1926年にはA. F. テイラー（A. F. Tyler）が「レントゲンの歴史的概要（The Roentgen Ray-A Historical Sketch ）」と題して述べているが，この記述の脚註に記されているように発見の経緯については1908年のミドルトン，生い立ちについては1915年のヒルシュの話（1923年は誤りである）をそのまま引用している（図6・11）[71]．

6.3 トロストラーの講演記録

特に興味深かったのが1931年に発表されたトロストラー（Isadore Simo Trostler）の講演記録「医学放射線の歴史における興味あるハイライト（Some Interesting Highlights in the History of Roentgenology）」である[72]．図6・12はこのタイトルと発見の項である．

トロストラーも当時，北米放射線学会の長老格の人物で，これもミドルトンの話が基になっており，トロストラーはミドルトンから直接聞いた話として述べている．

「発　　見」

1895年4月末，ヴュルツブルク大学物理学部長W. K. レントゲンはクルックス管，ヒットルフ管を用いて実験中，X線を発見した．しかし彼はこの年の末頃まで公表しなかった．同じ事でも日付がいろいろ異なるということがあると同じように，この発見の詳細についてもいくつかの異なった解釈がある．

発見の事実は月刊ポピュラー・サイエンス誌1908年12月号にE. E. バーンズによって述べられている．それはレントゲンによるX線発見当時，ヴュルツブルク大学の物理学部の学生だったシカゴのDr. ミドルトンの次のようなことによるものである．

ミドルトンは次のように述べた．

「レントゲンは光を透さない紙で覆われたヒットルフ管を誘導コイルで動作させ，蛍光板の蛍光を研究していた．ある日の午後，数分間，呼び出されたが，本の栞として使っていた大きな平らな鍵を挟んだ本の上に放電している管はそのまま置かれた．写真乾板が装填された取枠が偶然本の下に置かれてあった．彼は戻ってきて放電管の電流を切り，何故か他の乾板の入った取枠を持って彼のお気に入りの趣味の写真撮影を行うため，何枚かの乾板を写しながら戸外で午後を過ごした．

乾板を現像した時に彼はそれらの中の 1 枚に鍵の栞の陰が写っているものを見つけた．

彼はこれが何故起きたのか不思議に思った．そして何人かの学生に質問したが，この現象を説明できたものは誰もいなかった．

放電中の真空管の近くにある写真乾板のカブリは以前にも起こったことがあった．しかしレントゲンの科学的な調査をするという考えによってこの鍵の陰は説明を必要とした．彼は本の上に放電管を置いたことを思い出して，本の上に放電管を戻し，本の下に乾板を置いた．そして放電管を動作させた．そして乾板を現像してみると彼は鍵の同じ陰影を見ることができた．

その後まもなく彼は自身の手の写真を撮影し，直ちにその現象について徹底的に研究を始めた．彼は直ちに新しい型の放射線を発見したことを理解した．そして結果を発表する前の 8 ヶ月間，この問題を研究した．」

Dr. ミドルトンはこの話をした後直ぐに，1895 年 4 月 30 日が発見の日であると言うことを私に知られてくれた．

（中略）

Some Interesting Highlights in the History of Roentgenology

I. S. Trostler, M. D., F. A. C. R., F. A. C. P.
Chicago, Ill.

THE DISCOVERY

Late in April, 1895, Wilhelm Konrad Röntgen, director of the Department of Physics of the University of Wurzburg, while experimenting with Crookes and Hittorf tubes, discovered the X-rays but he did not report his discovery until nearly the end of that year. There are several different versions regarding the details of this discovery, as well as varying dates of the same. The actual incident of the discovery is described by E. E. Burn in Popular Science Monthly for December, 1908, who attributes the following to Dr. E. S. Middleton of Chicago, who was a student in the Department of Physics at Wurzburg at the time of Röntgen's discovery of the X-rays. Middleton stated that "Röntgen had a Hittorf tube covered by a light tight paper energized by a coil, and was studying the fluorescence of the screen, one afternoon, and being called away for a few minutes, he laid the glowing tube upon a book which contained a large flat key, which was being used for a book mark. A loaded photographic plate holder happened to be lying under the book. When he returned, he shut off the current from the tube, took the plate holder with several others and spent the afternoon out of doors, exposing several plates in the practice of his favorite hobby, photography.

On developing the plates he found the shadow of the key book mark on one of them. He wondered how this happened and questioned several of his students, but none could explain the incident."

Fogging of photographic plates lying near energized vacuum tubes had occurred before, but to the scientific inquiring mind of Röntgen this key shadow demanded explanation. Remembering having laid the tube on the book, he replaced the tube upon the book and a photographic plate beneath it, and energized the tube. After developing the plate he found the same shadow of the key. Soon afterward he made a plate of his own hand, and at once began a thorough study of the phenomena. He realized at once that he had a new form of radiation and studied the subject for eight months before reporting the result. Dr. Middleton informed me, shortly after the foregoing publication that April 30, 1895, was the date of the discovery.

— — — — — — — — — — — — — —

Wilhelm Konrad Röntgen was born in Lennep, Germany, March 27, 1845. He was the only child of a Dutch mother and a German father.

His early life was spent in Uttrecht, Holland, the birthplace of his mother and where his father, Frederich Röntgen, was a farmer. His parents were thrifty, industrious, sturdy and very religious, and he inherited these traits and developed along these lines, into all that such parents could hope for or expect.

His parents intended that he should take up farming as a livelihood, and after the local primary schooling obtainable at Uttrecht, he was sent to the Agricultural School at Apeldoorn, in Holland. During his fifth year at this institution

— — — — — — — — — — — — — —

At a later period, he was a student at the School of Experimental Physics in Munich, where he accepted the opportunity to spend much time in experimentation, and which incidentally fitted and prepared him for his future work. The high character of the reports of the results of this experimentation induced Kundt, whose favorite pupil he soon became, to secure for him, a position as assistant, which position he retained for many years, and for which he received his Doctorate in Physics from the University of Munich.

When Kundt moved to Wurzburg, Röntgen

> went with him, and it was here that he met the young woman who later became his wife and lifelong companion.

図6・12　トロストラー（I. S. Trostler）のタイトルと論評

　レントゲンの生い立ちについては1923年のヒルシュの話とほとんど同じである．したがって誤っている箇所も同じであるが，さらに「レントゲンはチューリッヒ工業専門学校を卒業後，ミュンヘン大学の物理学科に入学し，そこで学位を得た」と書いてあるが，これも誤りで，レントゲンはチューリッヒの工業専門学校を卒業後，研究生として残り，そこで物理学に転向し，1年後，チューリッヒ大学に論文を提出して学位を得るのである．レントゲンがミュンヘン大学へ移ったのは1900年，55歳になってからである．

　トロストラーが述べたミドルトンの話
　トロストラーはミドルトンから直接聞いた話しとして述べているが，1908年のポピュラー サイエンス誌の記事とはかなり異なり，一見もっともらしい話に修正されている．これは1908年の記事ではあまりにも荒唐無稽で20年後（1930年頃）では通用しなくなってきたからではないかと思われるが，レントゲンが最初に見たのは蛍光作用だったことを忘れている．

　1908年の記述と変わった主な箇所
　1)「4年間レントゲン教授のもとで研究生であった」という箇所は「1895年1～5月頃までレントゲン教授と共に研究し，当時は物理学部の学生であった」となっている．
　2)「同じことでも日付がいろいろ異なることがあると同じように発見の詳細についてもいくつかの異なった解釈がある」そうである．しかし事実は一つしかないと思うのだが？
　3) レントゲンが実験を行った場所が書斎から実験室に変わった．
　4)「レントゲンは光を透さない紙で覆われたヒットルフ管を誘導コイルで動作させ蛍光板の蛍光を研究していた」この文章はもう既にX線の蛍光作用はわ

かっていることになる．すなわちトロストラーの文章は写真作用の有無を論じているとしか考えられない．

5) X 線の発見は 1895 年より 2 年も前だと言っていたが，これが 1895 年 4 月 30 日が発見の日であると言う．しかし全く根拠はない．

トロストラーはこの後，1933 年にも同じような論評を書き，その結論では次のように書いている[73]．

> 結論として筆者はレントゲンによる X 線の真実の発見は 1895 年 4 月 30 日であるということを断言するのにはばからない

このようにトロストラーはミドルトンに始まる一連の話を全く事実と信じていた．ヒルシュ，トロストラーら，北米放射線学会の長老格の人々がこのようであったので，1920 年代，アメリカではこの話が一般に信じられ，多くの記述，著書に引用された．特にシカゴの放射線学会では 4 月 30 日を X 線発見の日として毎年この日に記念祭を行っていた．

6.4 ミドルトンの話に対する反論

このような根拠のない曖昧な話は，いずれその矛盾を指摘されることになるが，何年頃からこの話に対する反論が現れたのか大変興味があり，さらに文献検索を続けた．

1930 年以降になると漸く客観的な資料に基づいたレントゲンの伝記，X 線発見に関する記述が発表されることになる．

その中で最も画期的だったのが O. グラッサー（Otto Glasser）の著書「W. C. レントゲンとレントゲン線の歴史（Wilhelm Conrad Röntgen und die Geschichte der Röntgen Strahlen 1931 年）」であった．O. グラッサーはドイツ系のアメリカ人で，1920～1950 年頃，放射線治療の線量測定の研究で多くの業績を残した物理学者であったが，レントゲンの歴史についても深い関心を持っていた．当時ドイツにおいてはレナルト一派による中傷記事が書かれ，「X

線発見の基礎研究はレナルトによってなされたもので，レントゲンは何の研究もしていない．レントゲンはただ最後のスイッチを押したに過ぎない」と誹謗されていた．一方，アメリカでは全く根拠のない話がレントゲンの追悼記念講演で話され，多くの人々はこれを事実と信じていた．

このようなことからグラッサーは独自にX線発見前後，数年間の文献を精力的に集め，その数は1,000件以上に達した．そしてこれらの資料に基づいてレントゲンの生涯，X線発見の経緯，反響などを詳細に記述し，出版したのである．

この著書は膨大な資料を基に書かれたもので，漸くここでレントゲンの信頼できる伝記が完成したのである．この本は初版から28年後の1959年に改訂版が出版された．このことからも，この著書がレントゲンの伝記の原典であったことがわかる（図6・13）．

この後，レントゲンの弟子で最も親しい友人でもあったツェンダー[21]，チューリッヒのシンツ[22]らによりこれを補足した詳細な記述が発表された．このようなことから1940年頃からヒルシュらの話は次第に否定されるようになるが，北米放射線学会，特にシカゴの放射線学会が行っていた4月30日のX線発見記念祭は11月8日が正しいということを学会が認めるまで10年間かかったとグラッサーは自分の著書の中で述懐している．

図6・13 O. グラッサー（O. Glasser）の1959年の改訂版『W. C. レントゲンとレントゲン線の歴史』．

1945年はX線発見50年の記念すべき年であったが，第2次世界大戦の終わった年のため目立った行事は行われなかった．しかしその中でアンダーウッド（E. A. Underwood）[23]，エッター（L. E. Etter）[74]らの人々により，さらに客観的資料に基づいた幾つかの論評が発表された．そして1955年以降になると前述の話は全く聞かれなくなり，次第に消えていった．

　グラッサー以後の論評は引用文献も正しく記載されているため，これから多くの資料を入手することができ，著者も信頼できるレントゲンの生い立ち，発見の経緯，反響などを知ることができた．

　これらの話については著者が偶然，あまりにも根拠のない資料を見たのがきっかけで，意外な事実があったことを知ることができた．

　また今まで一般教養書としてレントゲンの伝記が書かれなかった理由もわかってきた．それは今まで述べたようにアメリカではさまざまな根拠のない話があったこと，そして同じ頃，ドイツでもレナルト一派による「レントゲンは何もしていない．X線発見の栄誉はむしろレナルトに与えられるべきである」という中傷の記事がかなり書かれたこともあって，いろいろな資料を集めて話をまとめる歴史家にとっては対象にならない人物だったのではないかと思うのである．

第7章

おわりに

　レントゲンは今まで未知であった新しい放射線を発見した．しかし一見この放射線は蛍光作用，写真作用そして程度の差こそあれ，物質を透過する作用など陰極線の作用と似ていた．そのため発見した新しい放射線が今まで未知のものであったという確証を得て初めて発表した．このことだけでもレントゲンの実験物理学者としての慎重さを伺い知ることができる．

　レントゲンのX線の発見は19世紀末における大変衝撃的な出来事であった．物理学者，医学者はもちろん一般大衆までもこの大発見の未来に大きな関心を持った．当然発見者は著名人となるが，レントゲンは著名人になることを好まなかった．したがってレントゲンにとってマスコミは迷惑な存在でしかなかった．X線を発見してもその特許を取らなかったし勲章は貰ったが貴族（von）の称号は返上した．ノーベル賞を受賞したが，その賞金は全額ヴュルツブルク大学へ寄付した．多

図7・1　晩年，講義に出掛ける途中のレントゲン

くの学会から講演依頼を受けたが断ってしまった．そして晩年まで講義を続けた．図 7・1 は晩年，講義に出掛ける途中のレントゲンである．また本人の意思に関係なく著名人にさせられたが，一方では全く根拠のないことで中傷され，「私が何か悪い事でもやったようです」とツェンダーに漏らす程，レナルト一派の誹謗はひどいものであった．しかし事実が次第に明らかにされ，正しい史実が伝えられるようになったことは喜ばしいことである．それは古くなるにつれ，真実を知ることが難しくなるからである．

X 線の発見から一世紀が過ぎた．レントゲンの評価についても 20 世紀前半にあったような根拠のない中傷や捏造された史実はほとんど正された．今日，レントゲンの卓越した洞察力と創造性の評価はもはや変わることはないと思われ，その業績は正しく永遠に伝えられるものと信じている．

参 考 文 献

1) Routledge, R. ; Discoveries and Inventions of the 19 Century, George Routledge and Ltd. (1899).
2) Eisenberg, R. L. ; Radiology an Ilustrated History, Mosby Year Book (1992).
3) Bruwer, A. J. ; Classic description in diagnostic Roentgenology, Charles C. Thomas (1964)
4) Mottelay, P. F. ; Chronological History of Electricity, Galvanism, Magnetism and the Telegraph, from B.C.2637 to A.D.1888, Part 1. Electrical World, 18, 4-5, 28, 43-45, 59-60, 77-79, 93-94 (1891).
5) Robertson, J. K. ; X-Ray Apparatus An Elementary Couse, J. Radiology 4, 112-118 (1923).
6) Grigg, E. R. N. ; The trail of the invisible light, Cahrles C Thomas, Spring Field (1965).
7) Plücker, J. ; Über die Einwirkung des Magneten auf die electrischen Entladungen in verdünnten Gasen. *Ann. Phy. Chem.*, 103, 88-1106 (1858).
8) Hittorf, W. ; Ueber die Electricitätsleitung der Gase, *Ann. Phy. Cehm.*, 136, 1-31, 197-234 (1869).
9) Goldstein, E. ; Ueber die Reflexion electrischer Strahlen, *Ann. Phy.*, 15, 246-254 (1882).
10) Varley, C. F. ; Some Experiments on the Discharge of Electricity through Rarefied Media and the Atomosphere, *Proc. Roy. Soc. London*, 19, 236-243 (1871).
11) Crookes, W. ; On the Ilumination of Lines of Molecular Pressure and the Trajectory of Molecules, *Phil. Trans. Roy. Soc. London*, 170, 135-164 (1879).
12) Glasser, O. ; Wilhelm Conrad Röntgen und die Geschichte der Röntgenstrahlen, Verlag von Julius Springer Berlin (1931), zweite Auflage (1959).
13) Brecher, R. ; The rays, A history of Radiology in the United States and Canada, Wiliams and Wilkins (1969).
14) Hertz. H. ; Ueber den Durchgang der Kathoden strahlen durch dünne Metallschichten, *Ann. phy.*, 45, 28-32 (1892).
15) Sarton, G. ; The discovery of X-rays, *Isis*, 26, 349-364 (1937).
16) Thomson, J.J. ; On the Velocity of Cathode rays, *Electrician*, 33, 672-674 (1894).
17) Perrin. J. ; Nouvelles proprités des rayons Cathodiques, *Comp. Rend. Acad. Sci.*, 121, 1130-1134 (1895).
18) Thomson, J.J. ; Cathode Rays, *Phil. Mag. ser.*, 5, 44, 293-316 (1897).
19) Röntgen, W. C. ; Ueber eine neue Art von Strahlen, Sitzungs-Berichte Phy. med. Gesellsch., Wurzburg, 28, 132-141 (1895).
20) Zehnder, L. ; Persönlische Erinnerungen an Röntgen, *Acta Radiologica*, 15, 557-561 (1934).
21) Zehnder, L. ; Persönlische Erinnerungen an W.C. Röntgen und über die Entwicklung der Röntgen-röhren, *Helvetica Physica*, 6, 608-629 (1933).
22) Schinz, H. R. ; Röntgen und Zürich, *Acta Radiolgica*, 15, 562-575 (1934).

23) Underwood, E. E. ; Wilhelm Conrad Röntgen and early development of Radiology, *Proc. Roy. Soc. Med.* **38**, 697-706 (1945).
24) Wylic, W.A.H. ; W.C. Röntgen and the early days of X-rays. *Medica Mundi*, **16**, 1, 1-8 (1971).
25) Lenrd, P. ; Ueber Kathodenstrahlen in Gasen von atomsphärischem Druck und im äussersten Vacuum, *Ann. Phy. Chem.* **S1**, 225-267 (1894).
26) Zusammenstellung und Texte: Deutsches Röntgen-Museum.
27) Nitske, W.R. ; The Life of Wilhelm Conrd Röntgen. The University of Arizona, Press (1971).
28) Ellegast, H. und Thurnher, B. ; Die An fänge der Röntgenologie in Wien, *Fortschl. a. d. Geb. d. Röntgnst.* **96**, 1 (1962).
29) 青柳泰司; X線の発見と最初の新聞報道、サクラXレイ写真研究, 34, 4, 45-49 (1983).
30) 長岡半太郎; 伯林物理学会第五十年祭, 東洋学芸雑誌, 13, 174, 141-144, 明治29年3月25日 (1896).
31) 長岡半太郎; レントゲン氏エキス (X) 放射線, 東洋学芸雑誌, 13, 174, 132-136, 明治29年3月25日 (1896).
32) Lecher, E. ; Wilhelm Conrad von Röntgen, *Wien Med. Wschr.*, **73**, 370-371 (1923).
33) Posner, E. ; Reception of Röentgen's discovery in Britain and U.S.A., *Brit. Med. J.*, **4**, 357-360 (1970).
34) 斉藤一彦; X線発見100年 Eine sensationelle Entdeckung, 日放技会・撮影分科会報, 24 49-54 (1995).
35) Dam, H. J. W. ; The marvel in photography, *McClure's Magazine*, **6**, 403-415, April (1896).
36) Schuster, A. ; On Rontgen's Rays, Nature, 53, 268-269, Jan. 23 (1896).
37) Swinton, A.A.C. ; Prof. Röntgen's discovery, *Nature*, **53**, 276-217, Jan. 23 (1896).
38) The New Radiation, *Electrocian*, **36**, 448-449, Jan. 31 (1896).
39) Edison's portable X-ray apparatus, *Electrical Engineer*, **21**, 414, 374, April 8 (1896).
40) The new X-ray "Focus" tube, *Electrical Review*, **38**, 955, 340 Mar. 13 (1896).
41) Saxton, H.M. ; Seventy-six years of British radiology, *Brit. J. Radiol.* **46**, 872-884 (1973).
42) Glasser O. ; First observation on the physiological effects of Roentgen ray on the human skin, *Am. J. Roentgenol*, **28**, 75-80 (1932).
43) Leonard C.L. ; The Application of the Roentgen Ray to Medical Diagnosis, *J. Am. Med. Assoc.*, **29**, 1157-1158 (1897).
44) Daniel J. ; The X-ray, *Scinece*, **3**, 562-563, (1896).
45) Morton, W. J. ; X-ray picture of an adult by one exposure. *The Electrical Engineer*, **23**, 472, 522, May. 19 (1897).
46) Pfahler, G. E. ; The early history of Roentgenology in Philadelphia, *Am. J. Roentgenol.* **75**, 1 (1956).
47) Andreoli, E. ; How to photograph and see through opaque bodies, *Electrical Review*, **38**, 957, 404, May. 27 (1896).
48) Photography without Light, *Electrical Engineer*, **21**, 71, Jan. 15 (1896).
49) 戸川三郎; 発達史的電信学, 電恵社 (1932).
50) 不透明体を通過する新光線の発見, 東京医事新誌, 935, 415-416 (1896).
51) 水野敏之丞; れんとげん投影写真帖, 丸善, 明治29年 (1896).

52) ロエントゲン X 光線, 好生館医事研究雑誌, 3, 4, 63, 4 月 30 日 (1896).
53) 村岡範為馳;レントゲン氏の X 放射線の話, 京都府教育会編纂, 村上勘兵衛, (1896).
54) 水野敏之丞;レントゲン氏の大発見, 東洋学芸雑誌, 13, 174, 99-102 (1896)
55) 今市正義・原三正;本邦における X 線の初期実験, 科学史研究, 16, 23-32 (1950)
56) 丸茂文良;レントゲン氏の所謂 X 光線?の「デモンストラチオン」, 済生学舎医事新報, 42 508-531 (1896).
57) 島津製作所, 京都に於ける X 線研究の揺籃時代と島津製作所レントゲン装置の沿革概要 (1927).
58) 日本物理学会編, 日本の物理学史, 東海大学出版会 (1978).
59) Schuster, Nora ; Early days of Roentgen Photography in Britain, *British Medical Journal*, 2, 1164-1166 (1962).
60) Etter, L. E. ; Some histrical data relating to the Discovery of the Roentgen rays. *Am. J. Roentgenol*, 56, 220-231 (1946).
61) バイエルヘン. A.D. (常石敬一訳), ヒトラー政権と科学者たち, 岩波書店 (1980).
62) Folke, K. ; Röntgen and the Nobel Prize, *Acta Radiologica*, 15, 465-473 (1974).
63) Stark, J. ; Zur Geschichte der Röntgenstrahlen, *Physikalishe Zeitschrift*, 36, 280-283 (1935).
64) Schmidt, F. ; Über die von einer Lenard-Fensterrönre mit Platinansatz ausgenenden Röntgenstrahlen, 36, 283-288 (1935).
65) 宮下晋吉;"X 線の発見"と実験・技術・社会 (I), 科学史研究, 21, 162-175 (1982).
66) 20 世紀全記録, 講談社 (1987).
67) Hirsch, I. S. ; Wilhelm Conrad Rœntgen his life and work, *Radiology*, 4, 63-66, 139-142, 249-253 (1925).
68) Hirsch, I. S. ; William Konrad Rœntgen. A Biographical Sketch, *New York Medical J*, 102, 1266-1269 (1915).
69) Burns, E. E. ; The story of professor Röntgen's discovery, *Popular Science Monthly*, 73, 554-556 (1908).
70) Sommerfeld, A. ; Zu Röntgen's siebzigstem Geburtstag, *Physikalische Zeitschrift*, 6, 89-93 (1915).
71) Tyler, A. F. ; The Rœntgen ray- A histrical Sketch, *Arch. Phy. Ther.*, 7, 279-283 (1926).
72) Trostler, I.S. ; Some Interesting Highlights in the History of Rœntgenology, *Am. J. Physical Therapy*, 7, 439-456 (1931).
73) Trostler, I. S. ; Some interesting histrical data regarding the Rœntgen rays, *The Radiological Review*, 55, 177-183 (1933).
74) Etter, L. E. ; Post-war Visit to Röntgen's Laboratory, *Am. J. Rœntgenology*, 54, 547-552 (1945).

索 引

あ行

アインシュタイン　48, 186
アペルドルン　206
α 線　6
アルプ・ラングアルト　82, 91
アンダーウッド　227
アンナ・ベルタ・ルートヴィッヒ　52
硫黄球　7
1兆マルク紙幣　68
イン川　77
陰極線　18
インターラーケン　77
ヴァーブルク　102
ヴァーリー　18
ウィムズハースト起電機　135
ヴィラール　6
ウイルソン　11
ウェスチングハウス　6
ウェスチングハウス社　4
ヴェッターホルン　86
ヴュルツブルク大学　29
浦野多門治　148
英国ランフォード賞　176
エーテル　38
エクゼナー　101, 103
エジソン　1, 130
X線火傷　146
X線障害　144, 150
X線治療　148
X放散線　102
エッター　227
エドワード・ウィンパー　86
エルレガスト　113
エレクトリシアン　125
エレクトロニクス　28
遠隔撮影　86

エンガデン　208
エンダリン　82
エンデガン　74

か行

ガイスラー　18
潰瘍　150
鹿島清兵衛　166
カデナビア　62
荷電粒子説　168
ガラス壁　38
γ 線　6
ギーセン大学　57
キーンベック　148
北ライン　208
キャベンディッシュ研究所長　24
キューリー夫妻　6
クール　77
クラウジュース　52
グラッサー　112, 225
クルックス　20
クント　52
勲2等プロセイン宝冠章　176
蛍光　34, 36
蛍光現象　9
蛍光作用　168
蛍光板　34
ゲーリケ　6
ケリカー　61
ケルビン　122
原子物理学　6
工科大学　48
硬質ゴム　36
交直戦争　4
コールラウシュ　57
コモ湖　62
ゴルドシュタイン　18

索引　235

さ行

済生学舎　166
ザイラーグラーベン　48
サメダン駅　91
三十年戦争　7
サン・モリッツ　74
ジクムント・エクゼナー　147
自己インダクタンス　16
自然放射能　4
自然放射能発見　174
磁束変化　16
湿式写真器　173
島津源蔵　57
写真作用　168
写真大尽　166
遮蔽　150
シャンペール湖　79
シュスター　122
シュトラスブルク　56
シュミット　197
焦点管（Focus tube）　71
シルヴァプラナ　79
シルス湖　79
シンツ　226
針端間隙　66
針端ギャップ　150
スイス連邦立工業専門学校　48
水疱　150
スウィントン　124
スクリバ　166
世紀末　1
静電装置　135
生物学的作用　150
石英ガラス　23
ゼネラルエレクトリック社　4
足関節　150
ゾンマーフェルト　213

た行

第1回のノーベル物理学賞　176
大学教授資格（Habilitation）　56

大東電信会社　164
体内異物　108
大北電信会社　164
第4状態　20
ダニエル電池　20, 22
ダム　116
断続器　66
チューリッヒ　209
長距離送電　4
治療効果　150
ツェンダー（Ludwing Zehnder）
　　　　　　　　　　30, 85, 226
ディアヴォレッツァ　86
ディー プレッセ　61, 101
低額新聞電報　164
テイラー　220
ティラノ　91
デイリー クロニクル　110
テスラ　6
テスラ装置　62, 71
デプレッツ　66
電気卵　14
電弧（アーク）　34
電磁波　24
電磁波説　168
透過作用　168
透視法　158
トムソン, J. J.　24
トロストラー　220

な行

長岡半太郎　102
軟部組織　108
ニコラ・テスラ　4
西ファーレン州　208
ニツスキ（Nitske）　82
ノレー　14

は行

パークホテル　82
パーシェン　32

パーシェンの法則	32	変圧器	4
バーンズ	213	ポアンカレ	123
バイエルン宝冠章	176	ホイゼン	9
白十字ホテル	82	放射線	36
白熱電灯	1	放射線医学	148
白金管	197	放射線の一新種について	101
白金シアン化バリウム	34	ホークスビー	6, 9
ピカール	6, 9	ホーヘンハイム	56
ピッツ・コルヴァッチ	79	ポスナー	112
ピッツ・ナイル	77	ポピュラー サイエンス誌	213
ピッツ・パリュー	77	ボルタ	62
ピッツ・ベルニナ	77	ホルツクネヒト	148
ピッツ・ポラシン	79	ポントレジナ	77
ピッツ・ムラーユ	82		
ピッツ・ユリア	79		

ま行

ピッツ・ロゼック	77	マグデブルク	7
ヒットルフ	18	摩擦起電機	9
ヒトラー	190	マックスウェル	22
皮膚障害	141, 145	マックルアーズ マガジン	116
表在治療	150	マッターホルン	86
ヒルシュ	205, 206	窓付放電管	24, 30
ピンホール写真	38	マルコニー	4
ファラデー	14	丸茂文良	166
フーコー	66	マルスタラー	179
フォーカスチューブ	133	マロヤ峠	77, 79
復元実験	197	水野敏之丞	166
複雑骨折	108	緑のグラスの家	48
藤浪剛一	148	ミドルトン	211, 213, 216
物質微粒子	20	宮下晋吉	197
普仏戦争	56	ミューラー社	29
フランクリン	11	ミュッシェンブルーク	11
フリードリッヒ・コンラッド	206	ムオタス・ムラーユ	82
ブリュッカー	18	村岡範為馳	56, 169
フロイント	148	モンブラン	86

や行

フロロスコープ	130		
β線	6	山川健次郎	166
ベクレル	4, 123, 169, 174	誘導コイル	16
ペラン	24	ユトレヒト	46
ベル	4	ユリア峠	77
ヘルツ	22	ユングフラウ	86
ベルニナ	77	ヨハネス・シュタルク	187
ヘルムホルツ	57		

四森州湖　72

ら行

ライデン大学　57
ライデン瓶　11
ラザフォード　6
ラジオロジー　206
ラック式登山鉄道　1
リギ山　72
リュームコルフ　16
ルートヴィッヒ　48
ルーマー　128
ルツェルン　77
レーヘル　103, 112

レナルト　23, 29, 181, 182
レナルト管　30
レムシャイド市　208
レンツェルハイデ　74
レントゲン　4, 29, 43
レントゲン氏X放射線の話　171
れんとげん投影写真帖　166
レントゲン博物館　43
レントゲン道　91
レンネップ　208
ローレンツ　57
露出　150
ロゼック谷　91

著者紹介
青柳　泰司（あおやぎ　たいじ）
1959 年　日本大学工学部電気工学科卒業
1959 年　東京都立診療放射線専門学校教務主任
1977 年　東邦大学医学部放射線医学教室入局
1978 年　医学博士（東邦大学）
1980 年　東邦大学医学部講師
1986 年　東京都立医療技術短期大学教授
1992 年　東京都立医療技術短期大学客員教授
2000 年　退任

主な著書
診断用 X 線装置（コロナ社，1979），医用放射線技術実験（基礎編）共著（共立出版，1982），放射線機器学（技術学体系）共著，（通商産業社，1983），電子管の歴史－エレクトロニクスの生い立ちー（日本電子機器工業会電子管史研究会編）共著，（オーム社，1987），放射線医学体系（第 1 巻 A 放射線診断学総論 I）共著，（中山書店，1988），放射線機器工学（I）X 線診断機器，（コロナ社，1990）

近代科学の扉を開いた人

レントゲンとX線の発見
えっくすせん　はっけん

2000年9月1日　初版発行

著　　者　青柳　泰司
　　　　　あおやぎ　たいじ

発 行 者　佐竹　久男

発 行 所　恒星社厚生閣
〒160-0008　東京都新宿区三栄町8
TEL 03-3359-7371 FAX 03-3359-7375
http://www.vinet.or.jp/~koseisha/

組　　版　恒星社厚生閣 文字情報室
本文印刷　興英文化社
製　　本　協栄製本

© Taiji Aoyagi, 2000　printed in Japan
ISBN4-7699-0919-5　C1047

―― 続 巻 ――
医用X線装置発達史

[2001年1月発刊]
予価4,500円　A5判・上製

レントゲンによるX線発見から100年が経過した．今日，医学はもちろんのこと，理・工学面におけるX線の有用性は益々高まっている．本書は，医用X線装置100年の歴史を多くの写真によって解説した技術史．過去から現在までを知ることは未来への方向を示唆してくれる．技術史研究者の必携書．放射線技術師，放射線技術を学ぼうとする人々の，よきテキストである．

目次紹介

第1章　ガスX線管，誘導コイル時代（1895～1910年頃）
　1・1　X線の発見
　1・2　初期のX線装置
　1・3　X線装置の実用性
　1・4　医学への応用

第2章　熱電子X線管，変圧器式装置実用化時代（1910～1930年頃）
　2・1　変圧器式高電圧発生装置の実用化
　2・2　熱電子式X線管の開発
　2・3　電気的整流装置の実用化
　2・4　単相全波整流装置の普及

第3章　防電撃，防X線装置実用化時代（1930～1950年）
　3・1　防X線装置の実用化
　3・2　防電撃X線装置の実用化
　3・3　三相X線装置の開発
　3・4　コンデンサ式X線装置の開発

第4章　高出力，制御技術高度化時代（1950～1980年頃）
　4・1　X線装置の計測技術
　4・2　回転陽極X線管の実用化
　4・3　X線装置定格の増大
　4・4　三相X線装置の普及

第5章　大電力電子制御技術実用化時代（1980～2000年）
　5・1　インバータ式装置の実用化
　5・2　共振型インバータ式X線装置
　5・3　方形波型インバータ式X線装置
　5・4　インバータ式装置の特性

恒星社厚生閣